本书 Word 和 PPT 案例展示

本书 PPT 案例展示

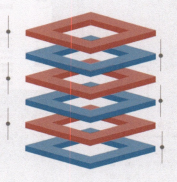

本书PPT案例展示

本书 PPT 案例展示

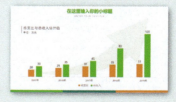

赠送 PPT 案例展示

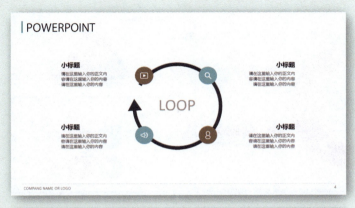
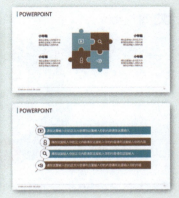

赠送 PPT 案例展示

赠送 PPT 案例展示

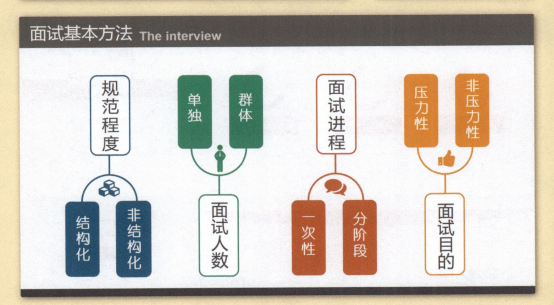

赠送 PPT 案例展示

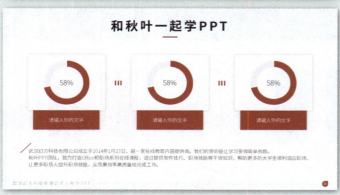

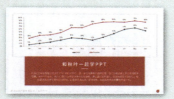

和秋叶一起学

Word Excel PPT

办公应用 从新手到高手

秋叶 植品荣·编著

人民邮电出版社
北京

图书在版编目（CIP）数据

Word Excel PPT办公应用从新手到高手 / 秋叶，植品荣编著. -- 北京：人民邮电出版社，2021.3（2024.4重印）
ISBN 978-7-115-55614-1

Ⅰ. ①W… Ⅱ. ①秋… ②植… Ⅲ. ①办公自动化－应用软件 Ⅳ. ①TP317.1

中国版本图书馆CIP数据核字(2020)第257856号

内 容 提 要

本书是指导初学者学习 Word/Excel/PPT 办公软件的书籍。本书通过职场中常见的办公文档实例，详细地介绍了初学者使用 Word/Excel/PPT 时应该掌握的基础知识和技能，并对初学者在学习过程中经常遇到的问题提供了专业的解决方案。

全书分 3 篇，共 11 章。第 1 篇"Word 办公应用"介绍文档的基本操作、表格应用与图文混排、Word 高级排版；第 2 篇"Excel 办公应用"介绍工作簿与工作表的基本操作，规范与美化工作表，排序、筛选与汇总数据，图表与数据透视表，数据分析与数据可视化，函数与公式的应用；第 3 篇"PPT 设计与制作"介绍编辑与设计幻灯片、动画效果与放映等内容。

本书适合职场人士阅读，也可以作为大中专类院校相关专业的教材或者企业的办公培训教材。

◆ 编　　著　秋　叶　植品荣
　　责任编辑　马雪伶
　　责任印制　彭志环

◆ 人民邮电出版社出版发行　北京市丰台区成寿寺路11号
　　邮编　100164　电子邮件　315@ptpress.com.cn
　　网址　https://www.ptpress.com.cn
　　北京七彩京通数码快印有限公司印刷

◆ 开本：700×1000　1/16
　　印张：17.5　　　　　　　　　2021 年 3 月第 1 版
　　字数：350 千字　　　　　　　2024 年 4 月北京第 13 次印刷

定价：59.80 元

读者服务热线：(010)81055410　印装质量热线：(010)81055316
反盗版热线：(010)81055315
广告经营许可证：京东市监广登字 20170147 号

前言

如何快速成为Office办公达人？

学好Office的意义，不需要多强调。

像东风日产、中国平安保险、伊利集团、京东集团、微软（中国）等知名企业，都曾经找过秋叶PPT团队，问能不能推荐精通Office，特别是PPT做得好的大学生来企业工作，待遇从优。

我可以负责任地说：学好Office三件套，可以让你在职场获得更多的展示机会。

网上说，精通一项技能需要10 000个小时的刻意练习，这吓坏了太多人。

我们的教学经验是，像Office这样的软件，并不需要花费10 000个小时就可以精通。

原因很简单，Office根本就没有大家想象中那么复杂，微软公司开发的Word/Excel/PPT就是帮助用户提高工作效率的软件。

学习Office和学习高等数学这样的课程是不同的，学高等数学需要弄清楚为什么，所以要花很多时间思考；而学Office只要知道怎样做就足够了。掌握一个便利的操作其实很快，快到只需要几分钟，但是这个操作替你节约的时间就太多了。

如果学好Word：
- Word文档里有很多不同级别的标题，如果一次性把标题的格式设置好，可以节约很多时间，而且还不会出错；
- 插入Word里的图表或图片，若是用自动生成编号功能为其编号，就算是图表或图片有增加或删除也不怕序号出错。

如果学好Excel：
- 给公司打印几百份员工资料明细，1个小时就能搞定；
- 做一份通信录，使用Excel的自动校验功能可以让信息准确无误。

如果学好PPT：
- 做一个吸引人的工作汇报PPT，为职场表现加分；
- 帮领导美化一下PPT，领导自然会对你另眼相看。

多学一个小操作，职场冒尖一大步！

每天只需要几分钟时间，坚持一个月，你就可以看到自己的办公效率大大提升。这样的学习强度和难度，普通人都能做到，重点是学了就能用，不容易忘记。

脱颖而出 | 善用工具

善于利用工具节约时间的人，更有可能在职场中脱颖而出。

有人会困惑，Office软件操作那么多，我是零基础水平，如何能在一个月内完成从Office小白到高手的突破？

我们秋叶团队推出的这本书，让你一看就懂，一学就会，马上就能用。

如果你在工作中总觉得Office用得不顺手，总是在做重复的操作，效率太低，不妨看看这本"宝典"吧。

助力学习 | 写作特色

实例为主，易于上手　全面突破传统的按部就班讲解知识的模式，以实际工作中的案例为主，将读者在学习过程中遇到的各种问题以及解决方法充分地融入实际案例中，以便读者能够轻松上手，解决各种疑难问题。

高手过招，专家解密　每章的"秋叶私房菜"栏目提供精心筛选的Word/Excel/PPT使用技巧；"你问我答"栏目解答用户常见问题；"职场拓展"栏目结合当前章的重要知识点和职场应用，帮读者举一反三。

双栏排版，超大容量　采用双栏排版的格式，信息量大，力求在有限的篇幅内为读者奉献更多的实战案例。

一步一图，图文并茂　在介绍具体操作的过程中，每一个操作步骤均配有对应的插图，以使读者在学习过程中能够直观、清晰地看到操作的过程及其效果，学习更轻松。

扫码学习，方便高效　本书的配套教学视频与书中内容紧密结合，读者可以扫描书中的二维码，在手机等移动终端上观看视频，随时随地学习。

我们为读者准备了丰富的办公素材大礼包，以及精美的PPT素材模板。读者可以通过微信公众号"秋叶PPT"联系客服领取。

由于时间仓促，书中若有疏漏和不妥之处，恳请广大读者不吝批评指正。

本书责任编辑的联系邮箱：maxueling@ptpress.com.cn。

编者

目录

第1篇
Word办公应用

第1章 文档的基本操作

1.1 面试通知 3
1.1.1 新建文档 3
    1. 新建空白文档 3
    2. 新建联机文档 4
1.1.2 保存文档 5
    1. 常用、高效的保存文档方法 5
    2. 创建后第一次保存文档 5
    3. 将文档另存为 5
1.1.3 输入文本 6
    1. 输入中文 6
    2. 输入日期和时间 7
    3. 输入英文 7
1.1.4 编辑文本 8
    1. 选择词组、句子及整段文本 8
    2. 复制文本 10
    3. 剪切文本 10
    4. 粘贴文本 10
    5. 查找和替换文本 11
    6. 改写文本 12
    7. 删除文本 12
1.1.5 文档视图 12
    1. 页面视图 12
    2. Web版式视图 12
    3. 大纲视图 12
    4. 草稿视图 13
    5. 阅读视图 13
    6. 调整视图比例 13
1.1.6 打印文档 14
    1. 页面设置 14
    2. 预览后打印 14
1.1.7 保护文档 15
    1. 设置加密文档 15
    2. 启动强制保护 16

✱ 秋叶私房菜

技巧1 一次性删除文档中的空格
技巧2 在快速访问工具栏中加入【新建】按钮
技巧3 设置自动保存

1.2 员工入职培训方案 18
1.2.1 设置字体格式 19
    1. 设置字体和字号 19
    2. 设置加粗效果 20
    3. 设置字符间距 20
1.2.2 设置段落格式 20
    1. 设置对齐方式 21
    2. 设置段落缩进 21
    3. 设置间距 22
    4. 添加项目符号和编号 23
1.2.3 设置页面背景 23
    1. 添加水印 24
    2. 设置页面颜色 24
1.2.4 审阅文档 25
    1. 添加批注 25
    2. 修订文档 25
    3. 更改文档 26

✱ **秋叶私房菜**

技巧1　设置局部区域不可编辑
技巧2　协同修改文档时，更改修订者的用户名
技巧3　隐藏不需要打印的文本

你问我答

Q1：为什么输入文本的时候自动替换了后面的文本？
Q2：批注和修订有什么不同？

职场拓展

1.编辑行政工作计划
2.将多个修改的文档合并成一个文档

第2章　表格应用与图文混排

2.1　个人简历...34

2.1.1　插入形状与图片........................34
　　1.　设置页边距............................34
　　2.　插入形状................................35
　　3.　让形状与页面宽度一致............35
　　4.　让形状与页面顶端对齐............36
　　5.　更改形状的颜色......................37
　　6.　将两个图形对齐......................38
　　7.　插入照片................................38
　　8.　让照片浮于文字上方................39
　　9.　裁剪照片................................39

2.1.2　输入信息..................................39
　　1.　插入并编辑图标......................40
　　2.　插入并编辑文本框..................41

2.1.3　创建表格..................................43
　　1.　插入表格................................43
　　2.　去除边框................................44
　　3.　调整行高................................44
　　4.　为表格中的文字添加边框........45
　　5.　设置留白................................46

✱ **秋叶私房菜**

技巧1　神奇高效的格式刷
技巧2　神奇的【F4】键

2.2　岗位说明书...48

2.2.1　设计页面..................................48
　　1.　设置布局................................48
　　2.　设置背景颜色........................49

2.2.2　添加边框和底纹......................50
　　1.　添加边框................................50
　　2.　添加底纹................................50

2.2.3　插入封面..................................51
　　1.　插入图片................................51
　　2.　设置图片环绕方式..................52
　　3.　设置封面文本........................53

✱ **秋叶私房菜**

技巧1　一个文档设置纵横两种纸张方向
技巧2　在打开的多个文档间快速切换

你问我答

Q1：软回车和硬回车有什么区别？
Q2：怎样合并多文档？

职场拓展

美化公司周年庆典活动方案

第3章 Word高级排版

3.1 企业规划书 59
3.1.1 页面设置 59
1. 设置纸张大小 59
2. 设置纸张方向 61
3.1.2 使用样式 61
1. 套用系统内置样式 61
2. 自定义样式 62
3. 修改样式 63
4. 刷新样式 65
3.1.3 插入并编辑目录 66
1. 插入目录 66
2. 修改目录 67
3. 更新目录 69
3.1.4 插入页眉和页脚 69
1. 插入分隔符 69
2. 插入页眉 71
3. 插入页码 72
4. 从第N页开始插入页码 73
3.1.5 插入题注和脚注 74
1. 插入题注 74
2. 插入脚注 75
3.1.6 设计文档封面 76
1. 自定义封面 76
2. 巧用形状为封面设置层次 77
3. 设计封面文字 79

✳ 秋叶私房菜

技巧1 将样式应用到其他文档
技巧2 更新某种样式以匹配所选内容

3.2 公司组织结构图 83
3.2.1 设计结构图标题 83
1. 设置纸张 83
2. 插入标题 83
3.2.2 绘制SmartArt图形 84
1. 插入SmartArt图形 84
2. 美化SmartArt图形 85

✳ 秋叶私房菜

技巧　绘制流程图时使用智能连接

你问我答

Q1：为什么格式总会莫名其妙地"丢失"？
Q2：为什么不要使用按【Enter】键的方式产生空行？

职场拓展

1.人事培训流程
2.怎样让文档清爽有层次？
3.怎样将多级列表与标题样式关联？

第2篇
Excel办公应用

第4章 工作簿与工作表的基本操作

4.1 来访人员登记表 95
4.1.1 工作簿的基本操作 95
1. 新建工作簿 95
2. 保存工作簿 96
3. 保护工作簿 98

4.1.2 工作表的基本操作 101
1. 插入或删除工作表 101
2. 隐藏或显示工作表 102
3. 移动或复制工作表 103
4. 重命名工作表 104
5. 设置工作表标签颜色 105
6. 保护工作表 106

* **秋叶私房菜**

技巧1 隔行插入的绝招
技巧2 输入分数

4.2 采购信息表 109
4.2.1 输入数据 109
1. 输入文本型数据 109
2. 输入常规数字 109
3. 输入货币型数据 110
4. 输入日期型数据 110

4.2.2 编辑数据 111
1. 填充数据 111
2. 查找和替换数据 113
3. 数据计算 114

4.2.3 添加批注 115
4.2.4 打印工作表 116
1. 打印前的页面设置 116
2. 添加页眉和页脚 117
3. 打印所选区域的内容 118
4. 打印标题行 119
5. 将所选内容缩至一页打印 119

* **秋叶私房菜**

技巧1 输入以0开头的数字
技巧2 绘制斜线表头
技巧3 选取单元格区域的技巧
技巧4 快速插入矩形单元格区域
技巧5 在不相邻单元格中输入同一数据
技巧6 快速插入多行或多列

职场拓展

制作一份日销售表

第5章 规范与美化工作表

5.1 员工信息表 126
5.1.1 创建员工信息表 126
1. 填充输入员工编号 126
2. 通过数据验证规范"部门"列和"学历"列的数据 127
3. 使用公式填充性别 128
4. 提取出生日期 129

5.1.2 编辑员工信息表 129
1. 调整行高和列宽 129
2. 设置字体格式 130

* **秋叶私房菜**

技巧1 快速比较不同区域的数值
技巧2 不规范数据的整理技巧

5.2 美化表格 133
5.2.1 添加表格底纹 134
5.2.2 应用样式和主题 135
1. 套用单元格样式 135
2. 自定义单元格样式 135
3. 套用表格样式 137
4. 设置表格主题 137

✱ 秋叶私房菜

技巧1 标记重复值
技巧2 将不同范围的数值用不同颜色加以区分

你问我答

职场中常用的表格修饰方法有哪些?

职场拓展

在考勤表中突显加班日期

第6章 排序、筛选与汇总数据

6.1 销售统计表的排序 145
6.1.1 简单排序 145
6.1.2 复杂排序 146
6.1.3 自定义排序 147

✱ 秋叶私房菜

技巧1 按字符数量排序
技巧2 为当前选定区域排序

6.2 销售明细表的筛选 149
6.2.1 自动筛选 150
1. 指定数据的筛选 150
2. 指定条件的筛选 150
6.2.2 自定义筛选 151
6.2.3 高级筛选 152

✱ 秋叶私房菜

技巧1 按照日期的特征筛选
技巧2 按照单元格背景颜色筛选

6.3 销售统计表的分类汇总 155
6.3.1 创建分类汇总 156
6.3.2 删除分类汇总 156

你问我答

Q1:造成排序操作不成功的原因有哪些?
Q2:筛选可以使用通配符吗?

职场拓展

先排序后筛选,挑选成绩优秀的员工

第7章 图表与数据透视表

7.1 销售统计图表 163
7.1.1 创建图表 163
1. 插入图表 163

  2. 调整图表大小和位置 163
  3. 更改图表类型 164
  4. 设置图表布局 165
  5. 设计图表样式 165
7.1.2 美化图表 165
  1. 设置图表标题和图例 166
  2. 设置图表区域格式 166
  3. 设置坐标轴格式 167
  4. 添加数据标签 167
7.1.3 创建饼图 168
  1. 插入饼图 168
  2. 编辑饼图 168

✻ 秋叶私房菜

技巧1　处理图表中的负值
技巧2　平滑折线巧设置

7.2 差旅费明细表 172

7.2.1 使用数据透视表分析 172
  1. 创建数据透视表 172
  2. 筛选数据 174
7.2.2 创建数据透视图 175

✻ 秋叶私房菜

技巧1　在数据透视表中添加计算项
技巧2　拖曳数据项对字段进行排序

你问我答

Q1：什么是二维表？
Q2：怎样用二维表创建数据透视表？

职场拓展

为月库存统计表创建数据透视图

第8章 数据分析与数据可视化

8.1 数据分析 183

8.1.1 数据分析方法 183
  1. 对比分析法 183
  2. 结构分析法 183
8.1.2 分析水果销售情况 183
8.1.3 借助切片器制作有筛选功能的
   图表 185

8.2 企业销售对比分析 188

8.2.1 对比分析介绍 188
  1. 横向对比 188
  2. 纵向对比 188
8.2.2 销售总额对比 189
  1. 收集数据 189
  2. 对比分析 189
8.2.3 按业务员进行对比分析 190

8.3 份额结构分析 192

职场拓展

将不同地区的销售数据汇总到一个表中

第9章 函数与公式的应用

9.1 销售数据分析表 197

9.1.1 输入公式 197
9.1.2 编辑公式 197

1. 修改公式 197
2. 复制公式 198
3. 显示公式 198

* **秋叶私房菜**

  技巧　保护和隐藏工作表中的公式

9.2 销项税额及销售排名 200

9.2.1 单元格的引用 201
1. 相对引用和绝对引用 201
2. 混合引用 202

9.2.2 名称的使用 202
1. 定义名称 202
2. 应用RANK函数计算排名 203

9.3 员工信息表 203

9.3.1 文本函数 203
1. LEFT函数 204
2. MID函数 204
3. RIGHT函数 204
4. TEXT函数 205
5. UPPER函数 205
6. YEAR函数 206

9.3.2 日期与时间函数 207
1. DATE函数 207
2. NOW函数 207
3. DAY函数 207
4. DAYS360函数 207
5. MONTH函数 208
6. WEEKDAY函数 208
7. TODAY函数 208

9.4 业绩奖金计算表 208

9.4.1 逻辑函数 209

1. AND函数 209
2. OR函数 209
3. IF函数 210
4. 计算奖金 210

9.4.2 数学与三角函数 211
1. INT函数 211
2. ROUND函数 212
3. SUM函数 212
4. SUMIF函数 212

9.4.3 统计函数 214
1. AVERAGE函数 214
2. RANK函数 214
3. MAX函数 214
4. MIN函数 214
5. 计算奖金和名次 215

9.4.4 查找与引用函数 216
1. VLOOKUP函数 216
2. HLOOKUP函数 217
3. LOOKUP函数 217

* **秋叶私房菜**

  技巧1　VLOOKUP常见错误解决方法
  技巧2　用VLOOKUP函数返回多条查询结果

> **你问我答**
>
> LOOKUP函数与MATCH函数的区别是什么？

> **职场拓展**
>
> 用SUM函数求所有商品的销售总额

第3篇
PPT设计与制作

第10章 编辑与设计幻灯片

10.1 年终总结报告 225

10.1.1 演示文稿的基本操作 225
 1. 新建演示文稿 225
 2. 保存演示文稿 226

10.1.2 幻灯片的基本操作 227
 1. 新建幻灯片 227
 2. 删除幻灯片 227
 3. 复制与移动幻灯片 228
 4. 插入文本 228
 5. 插入图片 230
 6. 插入形状 232
 7. 隐藏幻灯片 233

✱ 秋叶私房菜

技巧1 轻松识别不认识的字体
技巧2 快速修改PPT字体

10.2 母版设计 236

10.2.1 PPT母版的特性 236

10.2.2 PPT母版的结构和类型 237

10.2.3 设计PPT母版 237
 1. 设计封面页版式 237
 2. 设计目录页版式 239
 3. 设计过渡页和内容页版式 240

你问我答

演示文稿中使用了特殊字体，别人观看时PPT不能正常显示怎么办？

职场拓展

1. 制作带有图表的调查报告
2. 使用"秋叶四步法"快速美化PPT

第11章 动画效果与放映

11.1 员工销售技能培训 246

11.1.1 演示文稿的动画效果 246
 1. 页面切换动画 246
 2. 为元素设置动画效果 247

11.1.2 添加多媒体文件 250

✱ 秋叶私房菜

技巧 快速设置动画——动画刷

11.2 项目申报PPT 253

11.2.1 放映演示文稿 253

11.2.2 演示文稿的网上应用 255

11.2.3 演示文稿的打包 256

✱ 秋叶私房菜

技巧1 压缩PPT中的图片
技巧2 取消PPT放映结束时的黑屏

职场拓展

1. 将动态PPT保存为视频
2. 3个方法，让汇报型PPT封面不重样

第1篇

Word 办公应用

第 1 章　文档的基本操作
第 2 章　表格应用与图文混排
第 3 章　Word高级排版

第1章
文档的基本操作

文档的基本操作包括新建文档、保存文档、编辑文档、浏览文档、打印文档、保护文档,以及文档的简单格式设置。

本章配套的教学资源中有相关的素材文件,请读者参见资源中的【本书素材】文件夹。

1.1 面试通知

面试通知是企业发给应聘者邀请其参加面试的一种文书。应聘者凭此通知方能参加公司的面试活动。

面试是公司挑选员工的一种重要方法。面试给公司和应聘者提供了进行交流的机会，能使公司和应聘者之间相互了解，从而帮助双方更准确地做出聘用与否、受聘与否的决定。

下面通过制作面试通知，我们重点学习文档的创建、保存、编辑等操作，以及文本的选择、复制、查找和替换等操作。

效果展示

1.1.1 新建文档

用户可以使用Word 2019方便快捷地新建多种类型的文档，如空白文档、基于模板的联机文档等。

微课
扫码看视频

1. 新建空白文档

如果没有启动Word 2019，可通过下面介绍的方法新建空白文档。

○ **使用右键快捷菜单**

在实际工作中，我们在新建文档时，首先会指定文档的保存位置，例如将文档保存在D盘【文件】文件夹中，然后在该位置新建文档。

STEP1 打开【此电脑】，双击D盘中的【文件】文件夹。

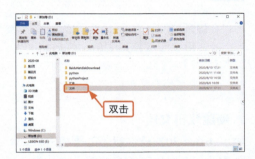

STEP2 在【文件】文件夹中单击鼠标右键，在弹出的快捷菜单中选择❶【新建】→❷【Microsoft Word文档】选项，即可在文件夹中新建一个Word文档。

如果已经启动Word 2019，可通过以下方法新建空白文档。

○ **使用【文件】按钮**

在Word 2019主界面中单击【文件】按

钮，**1** 在弹出的界面中单击【新建】选项，系统会打开【新建】界面，**2** 在列表框中单击【空白文档】选项。

> 💡**提示** 在Word 2019中，我们可以使用组合键新建文档，例如按【Ctrl】+【N】组合键，可以创建一个新的空白文档。

2. 新建联机文档

除了Office 2019软件自带的模板之外，微软公司还提供了很多精美、专业的联机模板。

在日常办公中，若制作一些有固定格式的文档，如会议纪要、通知、信封等，通过使用联机文档创建所需的文档会事半功倍。

下面以创建一个面试通知的文档为例介绍具体方法。为了能搜索到与自己需求更匹配的文档，我们这里以"通知"为关键词进行搜索。

STEP1 单击【文件】按钮，**1** 在弹出的界面中单击【新建】选项，系统会打开【新建】界面，**2** 在搜索文本框中输入"通知"，**3** 单击【开始搜索】按钮。

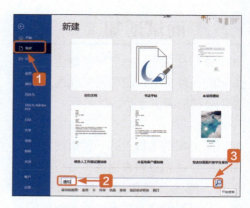

STEP2 在搜索文本框下方会显示搜索结果，从中选择一个合适的选项并单击。

STEP3 弹出通知预览界面，单击【创建】按钮。

STEP4 系统自动进入下载界面，显示"正在下载您的模板"，下载完毕后模板自动在Word中打开。

> ⚠ **注意** 联机模板的下载需要连接网络，否则无法显示信息和下载。

1.1.2 保存文档

1. 常用、高效的保存文档方法

在实际工作中，更多的情况是文档已经保存在电脑的某个文件夹中了，这时只要单击【保存】按钮 🔲，就可以完成对文档的保存。

使用快捷键保存文档会更高效，而且更专业——同时按【Ctrl】和【S】键。

> 💡 **提示** 在本书后继的讲解中，我们用【Ctrl】+【S】这种形式表示同时按【Ctrl】和【S】键。

2. 创建后第一次保存文档

新建文档以后，在第一次保存文档时，Word会要求用户指定文档保存的位置、文件名等信息。保存新建文档的具体步骤如下。

STEP1 单击【文件】按钮，在弹出的界面中单击【保存】选项。

STEP2 此时若是第一次保存文档，系统会打开【另存为】界面，❶单击【这台电脑】选项，❷单击下方的 📂 浏览 按钮。

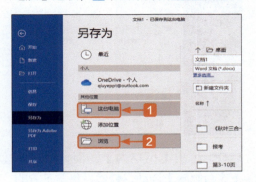

STEP3 弹出【另存为】对话框，❶在左侧的列表框中选择保存位置，❷在【文件名】文本框中输入文件名，❸在【保存类型】下拉列表中选择【Word文档】选项。

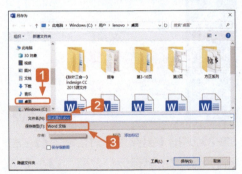

STEP4 单击 保存(S) 按钮，可以保存新建的Word文档。

> ⚠ **注意** "面试通知"这个文档可能需要多次修改，那么我们在保存时可以为其加上版本编号和时间，如"面试通知V1-20200602"。

3. 将文档另存为

用户对已有文档进行编辑后，可以将其另存为同类型文档或其他类型的文档。

STEP1 单击【文件】按钮，在弹出的界面中单击【另存为】选项。

1.1.3 输入文本

编辑文本是Word软件最主要的功能之一，接下来介绍如何在Word文档中编辑中文、英文、数字以及日期等文本对象。

本小节的素材文件如下
原始文件\第1章\面试通知.docx
最终效果\第1章\面试通知.docx
微课 扫码看视频

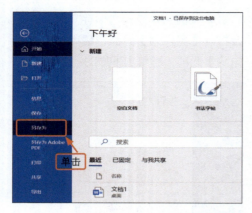

STEP2 弹出【另存为】界面，❶单击【这台电脑】选项，❷然后单击下方的 浏览 按钮。

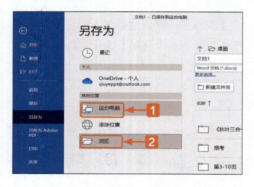

STEP3 弹出【另存为】对话框，❶在左侧的列表框中选择保存位置，❷在【文件名】文本框中输入文件名，❸在【保存类型】下拉列表中选择【Word文档】选项，❹单击 保存(S) 按钮即可。

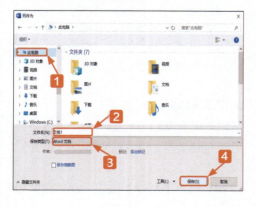

1. 输入中文

新建面试通知空白文档后，用户就可以在文档中输入中文了。具体的操作步骤如下。

STEP1 打开本实例的原始文件"面试通知.docx"，然后切换到任意一种汉字输入法。

STEP2 单击文本编辑区，在光标闪烁处输入文本内容，例如"面试通知"，然后按【Enter】键将光标移至下一行行首。

STEP3 输入面试通知中的主要内容，并将通知内容部分的字体设置为楷体；标题字体设置为方正小标宋简体、二号字，并居中显示。

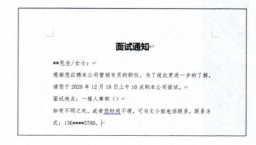

> 💡 **提示** 为了便于读者学习，我们提供了已经输入面试内容的文档（原始文件\面试通知）。

2. 输入日期和时间

用户在编辑文档时，往往需要输入日期或时间。如果用户要使用当前的日期或时间，则可使用Word自带的插入日期和时间功能。输入日期和时间的具体步骤如下。

STEP1 ❶将光标定位在文档的最后一行，切换到【插入】选项卡，❷在【文本】组中单击【日期和时间】按钮。

STEP2 弹出【日期和时间】对话框，在【可用格式】列表框中选择一种日期格式，❶例如选择【二〇一八年八月十三日】选项，❷单击 确定 按钮。

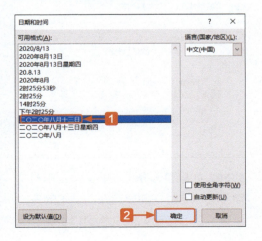

STEP3 此时，输入的日期就按选择的格式插入到Word文档中。

> 北京市**有限公司
> 二〇二〇年八月十三日

STEP4 用户还可以使用快捷键输入当前的日期和时间。按【Alt】+【Shift】+【D】组合键，可以输入当前的系统日期；按【Alt】+【Shift】+【T】组合键，可以输入当前的系统时间。

> ⚠️ **注意** 输入文本后，如果不希望其中的日期和时间随系统的改变而改变，则可选中相应的日期和时间，然后按【Ctrl】+【Shift】+【F9】组合键切断域的链接即可。

3. 输入英文

在编辑文档的过程中，用户如果想要输入英文，需先将输入法切换到英文输入状态，然后进行输入。输入英文的具体步骤如下。

STEP1 按【Shift】键将输入法切换到英文输入状态下，将光标定位在文本"人事部"的后面，然后输入大写英文"HR"。

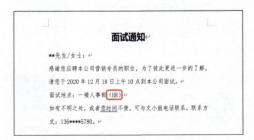

STEP2 在文档中输入其他英文，如果要更改英文的大小写，需先选择英文，如"HR"，❶然后切换到【开始】选项卡，❷在【字体】组中单击【更改大小写】按钮 Aa-，❸在弹出的下拉列表中选择【小写】选项。

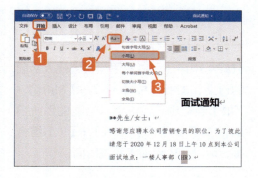

STEP3 可以看到英文变为"hr"。在保持"hr"的选中状态下，按【Shift】+【F3】组合键，"hr"变成了"Hr"；再次按【Shift】+【F3】组合键，"Hr"则变成了"HR"。

> ⚠ **注意** 用户也可以使用快捷键改变英文输入的大小写，方法是：在键盘上按【Caps Lock】键（大写锁定键），然后按字母键，即可输入大写字母；再次按【Caps Lock】键，即可退出大写状态。英文输入状态下，按【Shift】+字母键也可以输入大写字母。

1.1.4 编辑文本

文本的编辑操作一般包括选择、复制、剪切、粘贴、查找和替换等，接下来分别进行介绍。

1. 选择词组、句子及整段文本

对Word文档中的文本进行编辑之前，首先应选择要编辑的文本。下面介绍几种使用鼠标和键盘选择文本的方法。

○ 使用鼠标选择文本

用户可以使用鼠标选择单个字词、连续文本、分散文本、矩形文本、段落文本以及整个文档等。

①选择单个字词。
在文档中双击某个词就可以选择该词语。例如，双击词语"专员"即可选中该词语，此时被选择的文本会呈深灰色显示。

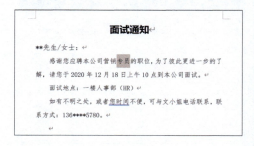

②选择连续文本。
STEP1 用户只需将光标定位在需要选择的文本的开始位置，然后按住鼠标左键不放并拖曳至需要选择的文本的结束位置，释放鼠标左键即可。

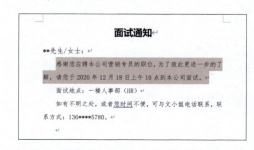

STEP2 如果要选择超长的文本，用户只需将光标定位在需要选择的文本的开始位置，然后拖动Word文档窗口右侧的滚

动条，向下移动文档，直到看到想要选择部分的结束处，按【Shift】键，然后单击要选择文本的结束处，这样从开始到结束处的这段文本内容就会全部被选中。

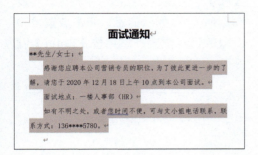

③选择段落文本。
在要选择的段落中的任意位置单击鼠标左键3次，可以选择整个段落文本。

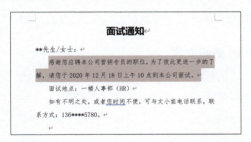

④选择矩形文本。
先选择一个文本，然后按【Alt】键，同时在文本中拖曳鼠标，可以选择矩形文本。

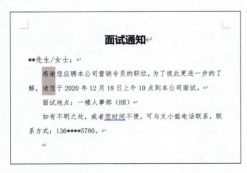

⑤选择分散文本。
在Word文档中，首先使用拖曳鼠标的方法选择一个文本，然后按【Ctrl】键，依次选择其他文本，就可以选择任意数量的分散文本了。

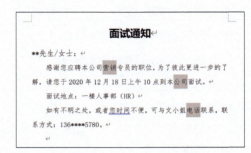

● **使用组合键选择文本**

除了使用鼠标选择文本外，用户还可以使用键盘上的组合键选择文本。在使用组合键选择文本前，用户应根据需要将光标定位在适当的位置，然后再按相应的组合键选择文本。

Word 2019提供了一整套利用快捷键选择文本的方法，主要是通过【Shift】、【Ctrl】和方向键来实现的，操作方法如下表所示。

快捷键	功能
Ctrl+A	选择整篇文档
Ctrl+Shift+Home	选择光标所在处至文档开始处的文本
Ctrl+Shift+End	选择光标所在处至文档结束处的文本
Alt+Ctrl+Shift+PageUp	选择光标所在处至本页开始处的文本
Alt+Ctrl+Shift+PageDown	选择光标所在处至本页结束处的文本
Shift+↑	向上选中一行
Shift+↓	向下选中一行
Shift+←	向左选中一个字符
Shift+→	向右选中一个字符
Ctrl+Shift+←	选择光标所在处左侧的词语
Ctrl+Shift+→	选择光标所在处右侧的词语

2. 复制文本

复制文本时，软件会将整个文档或文档中的一部分复制一份备份文件，并放到指定位置——剪贴板中，而"被复制"的内容仍按原样保留在原位置。

○ Windows剪贴板的使用

剪贴板是Windows的一个临时存储区，用户可以在剪贴板上对文本进行复制、剪切或粘贴等操作。美中不足的是，剪贴板只能保留一份数据，每当新的数据传入，旧的数据便会被覆盖。复制文本的具体操作方法如下。

方法1： 打开本实例的原始文件，选择文本"营销专员"，然后单击鼠标右键，在弹出的快捷菜单中选择【复制】选项。

方法2： 选择文本"营销专员"，❶然后切换到【开始】选项卡，❷在【剪贴板】组中单击【复制】按钮。

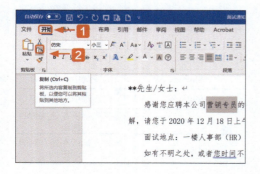

方法3：选择文本"营销专员"，然后按【Ctrl】+【C】组合键即可。

○ 使用【Shift】+【F2】组合键

选中文本"营销专员"，按【Shift】+【F2】组合键，在状态栏中将出现"复制到何处？"提示信息，单击放置复制对象的目标位置，然后按【Enter】键即可。

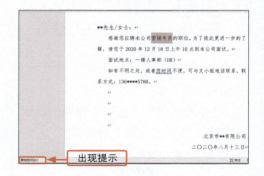

3. 剪切文本

"剪切"是指用户把选中的文本放入到剪切板中，单击"粘贴"按钮后，又会出现一份相同的文本，原来的文本会被系统自动删除。

剪切的操作方法与复制的操作方法类似，下面我们只重点介绍使用组合键方式剪切文本。

按【Ctrl】+【X】组合键，可以快速地剪切文本。

4. 粘贴文本

复制文本以后，接下来就可以粘贴文本了。用户常用的粘贴文本的方法有以下几种。

○ 使用鼠标右键

复制文本以后，用户只需在目标位置单

击鼠标右键，在弹出的快捷菜单中选择粘贴选项中任意的一个选项即可。

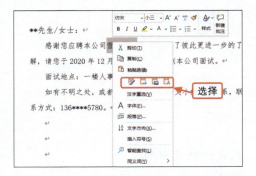

◎ 使用剪贴板

复制文本以后，切换到【开始】选项卡，在【剪贴板】组中单击【粘贴】按钮的下拉按钮，在弹出的下拉列表中选择粘贴选项中任意的一个粘贴按钮即可。

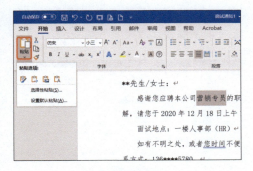

◎ 使用快捷键

按【Ctrl】+【C】组合键和【Ctrl】+【V】组合键，可以快速地复制和粘贴文本。

5.查找和替换文本

用户有时要查找并替换某些字词，如将文档中的"公司"替换为"企业"。使用Word 2019强大的查找和替换功能可以节省大量的时间。另外，查找和替换文本操作在用户编辑面试通知的过程中应用会很频繁。

STEP1 打开本实例的原始文件，按【Ctrl】+【F】组合键，弹出【导航】窗格，然后在查找文本框中输入"公司"，按【Enter】键，随即在【导航】窗格中查找到该文本所在的位置，同时文本"公司"在Word文档中以黄色底纹显示。

STEP2 如果用户要替换相关的文本，可以按【Ctrl】+【H】组合键，弹出【查找和替换】对话框，系统自动切换到【替换】选项卡，1 在【替换为】文本框中输入"企业"，2 单击 全部替换(A) 按钮。

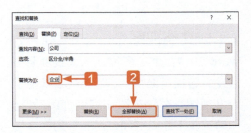

STEP3 弹出【Microsoft Word】提示对话框，提示用户"全部完成。完成3处替换。"，然后单击 确定 按钮。

STEP4 单击 关闭 按钮，返回Word文档，即可看到替换效果。

6. 改写文本

首先选中要替换的文本，然后输入需要的文本。此时，新输入的文本会自动替换选中的文本。

7. 删除文本

要想从文档中删除不需要的文本，用户可以使用快捷键。具体如下表所示。

快捷键	功能
Backspace	向左删除一个字符
Delete	向右删除一个字符
Ctrl+Backspace	向左删除一个字词
Ctrl+Delete	向右删除一个字词

1.1.5 文档视图

Word 2019提供了多种视图模式供用户选择，包括页面视图、Web版式视图、大纲视图、草稿视图和阅读视图5种视图模式。下面以"面试通知"为例介绍如何使用上述5种视图模式。

微课
扫码看视频

1. 页面视图

页面视图是最接近打印结果的视图模式，可以显示页眉、页脚、图形对象、分栏设置、页面边距等元素。

2. Web版式视图

Web版式视图以网页的形式显示Word 2019文档，适用于发送电子邮件和创建网页。

切换到【视图】选项卡，在【视图】组中单击【Web版式视图】按钮，或者单击状态栏中的【Web版式视图】按钮，可以将文档的显示方式切换到Web版式视图模式，效果如下图所示。

3. 大纲视图

大纲视图主要用于Word 2019文档结构的设置和浏览，使用大纲视图可以迅速了解文档的结构和内容梗概。

STEP1 切换到【视图】选项卡，在【视图】组中单击【大纲】按钮 大纲 。

第1章 ■ 文档的基本操作

STEP2 此时，可以将文档切换到大纲视图模式，同时在功能区中会显示【大纲显示】选项卡。

STEP3 ①切换到【大纲显示】选项卡，②在【大纲工具】组中单击【显示级别】按钮 右侧的下拉按钮，③用户可以在弹出的下拉列表中为文档设置或修改大纲级别，设置完毕，④单击【关闭大纲视图】按钮，系统自动返回进入大纲视图前的视图状态。

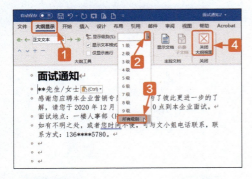

4.草稿视图

草稿视图取消了页面边距、分栏、页眉页脚和图片等元素，仅显示标题和正文，是最节省计算机系统硬件资源的视图方式。

切换到【视图】选项卡，在【视图】组中单击【草稿】按钮 草稿 ，将文档的视图方式切换到草稿视图下，效果如下图所示。

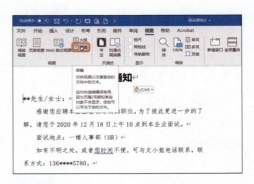

5.阅读视图

阅读视图是一种特殊的查看模式，它使在屏幕上阅读文档更为方便。在激活后，阅读视图将显示当前文档并隐藏大多数不重要的屏幕元素，包括 Windows 的任务栏。

切换到【视图】选项卡，在【视图】组中单击【阅读视图】按钮，将文档的视图方式切换到阅读视图下，效果如下图所示。

6.调整视图比例

用户可以根据需要，直接左右拖动【显示比例】滑块，调整文档的缩放比例。

13

1.1.6 打印文档

文档编辑完成后,用户可以进行简单的页面设置,然后进行预览。如果对预览效果比较满意,就可以打印文档了。

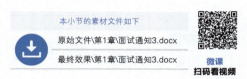

1. 页面设置

页面设置是指文档打印前对页面元素的设置,主要包括页边距、纸张、版式和文档网格等内容。页面设置的具体步骤如下。

STEP1 打开本实例的原始文件,①切换到【布局】选项卡,②单击【页面设置】组右侧的【对话框启动器】按钮。

STEP2 弹出【页面设置】对话框,系统自动切换到【页边距】选项卡。①在【页边距】组合框中的【上】【下】

【左】【右】微调框中调整页边距大小,②在【纸张方向】组合框中单击【纵向】选项。

STEP3 ①切换到【纸张】选项卡,②在【纸张大小】下拉列表中选择【A4】选项,③然后单击 确定 按钮即可。

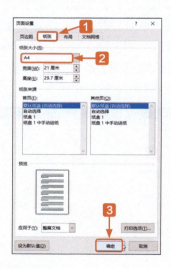

2. 预览后打印

页面设置完成后,可以通过预览来浏览打印效果。预览及打印的具体步骤如下。

STEP1 单击【自定义快速访问工具栏】按钮，在弹出的下拉列表中选择【打印预览和打印】选项。

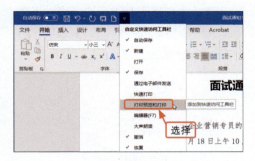

STEP2 此时，【打印预览和打印】按钮就添加在了【快速访问工具栏】中。单击【打印预览和打印】按钮，弹出【打印】界面，其右侧显示了预览效果。

STEP3 用户可以根据打印需要单击相应选项并进行设置。如果用户对预览效果比较满意，就可以单击【打印】按钮进行打印了。

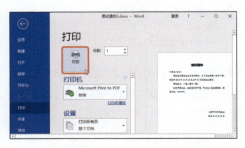

1.1.7 保护文档

用户可以通过设置加密文档和启动强制保护等方法对文档进行保护，以防止他人随意打开或修改文档。

本小节的素材文件如下
原始文件\第1章\面试通知4.docx
最终效果\第1章\面试通知4.docx
微课 扫码看视频

1. 设置加密文档

为了保证文档安全，用户通常会对文档进行加密，加密操作在日常办公中经常使用。设置加密文档的具体步骤如下。

STEP1 打开本实例的原始文件，单击【文件】按钮，❶在弹出的界面中单击【信息】选项，❷然后单击【保护文档】按钮，❸在弹出的下拉列表中选择【用密码进行加密】选项。

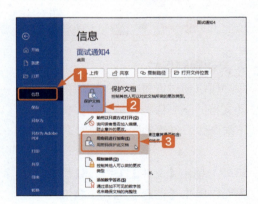

STEP2 弹出【加密文档】对话框，❶在【密码】文本框中输入"123"，❷然后单击 确定 按钮。

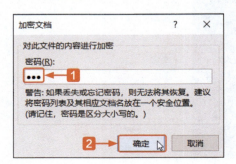

STEP3 弹出【确认密码】对话框，❶在【重新输入密码】文本框中输入"123"，❷然后单击 确定 按钮。

STEP4 再次启动该文档，弹出【密码】对话框，❶输入密码"123"，❷然后单击 确定 按钮即可打开Word文档。

2. 启动强制保护

用户可以通过设置文档的编辑权限，启动文档的强制保护功能保护文档的内容不被修改，具体的操作步骤如下。

STEP1 单击【文件】按钮，❶在弹出的界面中单击【信息】选项，❷然后单击【保护文档】按钮，❸在弹出的下拉列表中选择【限制编辑】选项。

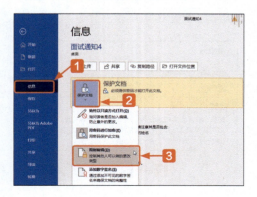

STEP2 在Word文档编辑区的右侧出现一个【限制编辑】窗格，❶勾选【仅允许在文档中进行此类型的编辑】复选框，❷然后在其下方的下拉列表中选择【不允许任何更改（只读）】选项。❸单击 是，启动强制保护 按钮。

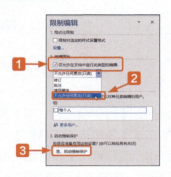

STEP3 弹出【启动强制保护】对话框，❶两个文本框中都输入"123"，❷单击 确定 按钮。

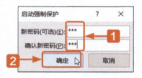

STEP4 返回Word文档，此时，文档处于保护状态。如果用户要取消强制保护，单击 停止保护 按钮。

STEP5 弹出【取消保护文档】对话框，❶在【密码】文本框中输入"123"，❷然后单击 确定 按钮即可。

秋叶私房菜

技巧1　一次性删除文档中的空格

Word文档中经常有一些多余的空格，一个个删除比较麻烦，用户可以使用以下方法一次性删除文档中的所有空格。

STEP1 打开本实例的原始文件，切换到【开始】选项卡，在【编辑】组中单击【替换】按钮，或者按【Ctrl】+【H】组合键。

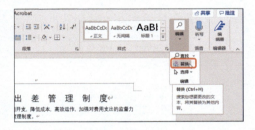

STEP2 弹出【查找和替换】对话框，系统自动切换到【替换】选项卡，❶在【查找内容】文本框中输入一个空格，❷然后单击 全部替换(A) 按钮，将所有的空格替换为空值，即可删除所有空格。

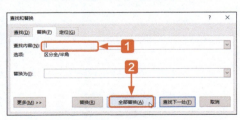

STEP3 替换完成后，弹出【Microsoft Word】对话框，提示用户完成替换的总数。单击 确定 按钮。

STEP4 返回【查找和替换】对话框，单击【关闭】按钮，返回Word文档，此时文档中所有空格已经被全部删除了。

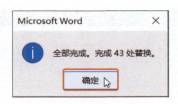

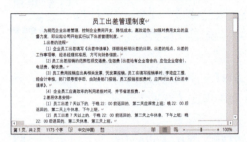

技巧2　在快速访问工具栏中加入【新建】按钮

如果想快速地新建一个Word文档，我们可以通过在快速访问工具栏中添加【新建】按钮来实现。

STEP1 ❶单击【自定义快速访问工具栏】按钮 ，❷在弹出的下拉列表中选择【新建】选项。

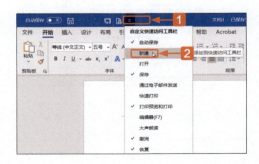

STEP2 此时【新建】按钮就添加到了快速访问工具栏中，单击该按钮即可新建一个空白文档。

Word Excel PPT 办公应用从新手到高手

技巧3　设置自动保存

使用Word的自动保存功能，可以在断电或死机的情况下最大限度地减少损失。设置自动保存的具体步骤如下。

微课
扫码看视频

STEP1 单击【文件】按钮，在弹出的界面中单击【选项】选项。

STEP2 弹出【Word选项】对话框，❶切换到【保存】选项卡，❷在【将文件保存为此格式】下拉列表中选择文件的保存类型为【Word文档（*.docx）】，❸然后勾选【保存自动恢复信息时间间隔】复选框，并在其右侧的微调框中设置文档自动保存的时间间隔为10分钟。设置完毕，单击 按钮即可。

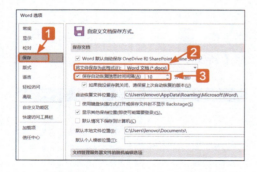

⚠️ **注意** 建议设置的时间间隔不要太短，如果设置的时间间隔太短，Word频繁地执行保存操作，容易死机，影响工作效率。

1.2　员工入职培训方案

新员工入职培训是现代企业人力资源管理的重要内容，通常企业会制作培训方案，用以规范培训流程、监督培训效果。

在输入员工入职培训方案文档具体内容后，为了重点突出方案中的某些内容，要对字体格式、段落样式、页面背景等进行设置，并对文档进行审阅。

1.2.1 设置字体格式

为了使文档更丰富多彩，Word 2019提供了多种字体格式供用户进行文本设置。字体格式设置主要包括字体、字号、加粗、字符间距等的设置。

本小节的素材文件如下	
原始文件\第1章\员工入职培训方案.docx	
最终效果\第1章\员工入职培训方案.docx	微课 扫码看视频

1. 设置字体和字号

要使文档中的文字更利于阅读，就需要对文档中文本的字体及字号进行设置，以区分各种不同的文本。

◯ 使用【字体】组

使用【字体】组进行字体和字号设置的具体步骤如下。

STEP1 打开本实例的原始文件，选中文档标题"新员工培训方案"，①切换到【开始】选项卡，②在【字体】组中的【字体】下拉列表中选择合适的字体，如选择【宋体】选项。

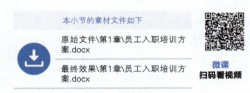

STEP2 在【字体】组中的【字号】下拉列表中选择合适的字号，如选择【二号】选项。

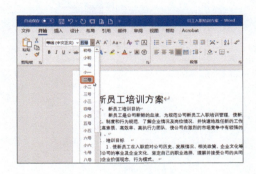

◯ 使用【字体】对话框

使用【字体】对话框对选中文本进行设置的具体步骤如下。

STEP1 ①选中正文中的所有标题行，②切换到【开始】选项卡，③单击【字体】组右下角的【对话框启动器】按钮 。

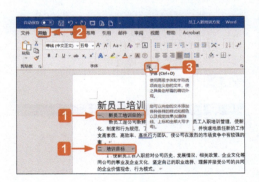

STEP2 弹出【字体】对话框，自动切换到【字体】选项卡，①在【中文字体】下拉列表中单击【黑体】选项，②在【字形】列表框中单击【加粗】选项，③在【字号】列表框中单击【四号】选项，④单击 确定 按钮。

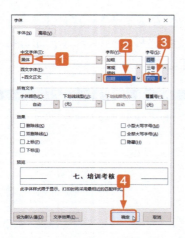

STEP3 返回Word文档，可以看到设置效果，按照上面的方法将其余正文部分设置为【宋体】【五号】。

2. 设置加粗效果

设置加粗效果，可让选择的文本更加突出。

打开本实例的原始文件，选中文档标题"新员工培训方案"，切换到【开始】选项卡，单击【字体】组中的【加粗】按钮 B 即可。

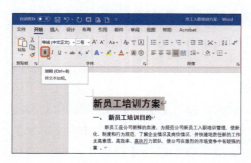

3. 设置字符间距

通过设置Word 2019文档中的字符间距，可以使文档的页面布局更符合实际需要。设置字符间距的具体步骤如下。

STEP1 选中文档标题"新员工培训方案"，切换到【开始】选项卡，单击【字体】组右下角的【对话框启动器】按钮。

STEP2 弹出【字体】对话框，❶切换到【高级】选项卡，❷在【字符间距】组合框中的【间距】下拉列表中选择【加宽】选项，❸在【磅值】微调框中将磅值调整为【4磅】，❹单击 确定 按钮即可。

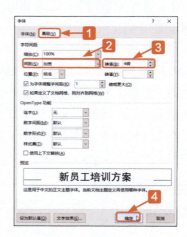

1.2.2 设置段落格式

设置了字体格式之后，用户还可以为文本设置段落格式，Word 2019提供了多种设置段落格式的方法，主要包括对齐方式、段落缩进和间距等。

1. 设置对齐方式

段落和文字的对齐方式可以通过【段落】组进行设置，也可以通过【段落】对话框进行设置。

○ 使用【段落】组

使用【段落】组中的各种对齐方式按钮，可以快速地设置段落和文字的对齐方式，具体步骤如下。

打开本实例的原始文件，选中标题"新员工培训方案"，切换到【开始】选项卡，在【段落】组中单击【居中】按钮，如下图所示。

○ 使用【段落】对话框

STEP1 选中文档中的段落或文字，切换到【开始】选项卡，单击【段落】组右下角的【对话框启动器】按钮。

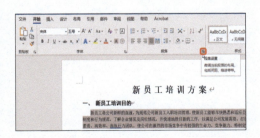

STEP2 弹出【段落】对话框，❶自动切换到【缩进和间距】选项卡，❷在【常规】组合框中的【对齐方式】下拉列表中选择【两端对齐】选项，❸单击 确定 按钮。

2. 设置段落缩进

通过设置段落缩进，可以调整文档段落与页边之间的距离。用户可以使用【段落】组或者【段落】对话框设置段落缩进。

○ 使用【段落】组

STEP1 选中文本段落，切换到【开始】选项卡，在【段落】组中单击【增加缩进量】按钮。

STEP2 返回Word文档，选中的文本段落向右侧缩进了一个字符，如图所示，可以看到向右缩进一个字符前后的对比效果。

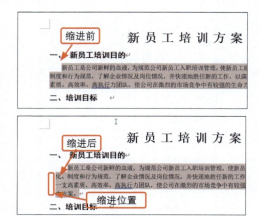

◎ 使用【段落】对话框

STEP1 选中Word文档中的文本段落，切换到【开始】选项卡，单击【段落】组右下角的【对话框启动器】按钮 。

STEP2 弹出【段落】对话框，自动切换到【缩进和间距】选项卡，①在【缩进】组合框中的【特殊】下拉列表中选择【悬挂】选项，②【缩进值】微调框中默认为【2字符】，其他设置保持不变，③单击 确定 按钮。

3. 设置间距

间距是指行与行之间，段落与行之间，段落与段落之间的距离。用户可以通过如下方法设置行距和段落间距。

◎ 使用【段落】组

使用【段落】组设置行距和段落间距的具体步骤如下。

STEP1 打开本实例的原始文件，按【Ctrl】+【A】组合键选中全篇文档，切换到【开始】选项卡，①在【段落】组中单击【行和段落间距】按钮 ，②在弹出的下拉列表中选择【1.15】选项，随即行距变成了1.15倍的行距。

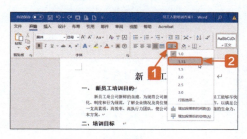

STEP2 选中标题行，①在【段落】组中单击【行和段落间距】按钮 ，②在弹出的下拉列表中选择【增加段落后的空格】选项，随即标题所在的段落下方增加了一段空白间距。

◎ 使用【段落】对话框

打开本实例的原始文件，选中文档的标题行，切换到【开始】选项卡，单击

【段落】组右下角的【对话框启动器】按钮，弹出【段落】对话框，自动切换到【缩进和间距】选项卡，1 调整【段前】微调框中的值为【1行】，调整【段后】微调框中的值为【12磅】，在【行距】下拉列表中选择【最小值】选项，在【设置值】微调框中设置【12磅】，2 单击 确定 按钮。

○ 使用【页面布局】选项卡

选中文档中的内容，切换到【布局】选项卡，在【段落】组的【段前】和【段后】微调框中同时将间距值调整为【0.5行】，效果如下图所示。

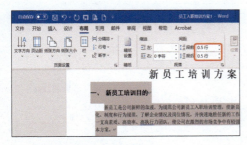

4. 添加项目符号和编号

合理使用项目符号和编号，可以使文档的层次结构更清晰、更有条理。

STEP1 打开本实例的原始文件，选中需要添加项目符号的文本，切换到【开始】选项卡，1 在【段落】组中单击【项目符号】按钮右侧的下拉按钮，2 在弹出的下拉列表中选择【正方形】选项，随即在文本前插入了正方形项目符号。

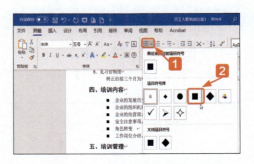

STEP2 选中需要添加编号的文本，1 在【段落】组中单击【编号】按钮右侧的下拉按钮，2 在弹出的下拉列表中选择一种合适的编号方式，即可在文本中插入编号。

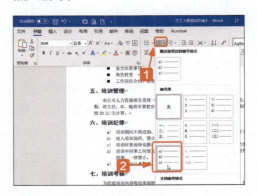

1.2.3 设置页面背景

为了使Word文档看起来更加美观，用户可以添加各种漂亮的页面背景，包括水印、页面颜色以及其他填充效果。

1. 添加水印

水印是指作为文档背景图案的文字或图像，Word 2019提供了多种水印模板和自定义水印功能，添加水印的具体步骤如下。

STEP1 打开本实例的原始文件，**1**切换到【设计】选项卡，**2**在【页面背景】组中单击【水印】按钮，**3**在弹出的下拉列表中选择【自定义水印】选项。

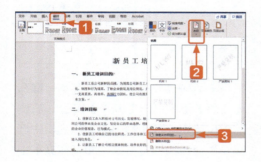

STEP2 弹出【水印】对话框，**1**选中【文字水印】单选钮，**2**在【文字】下拉列表中选择【禁止复制】选项，**3**在【字体】下拉列表中选择【方正楷体简体】选项，**4**在【字号】下拉列表中选择【80】选项，其他选项保持默认，**5**单击 确定 按钮。

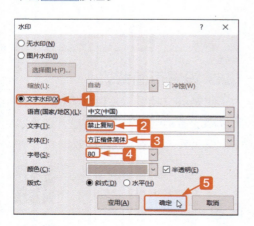

> **提示** 如下图所示，【文字】下拉列表中的信息如果不能满足用户的需求，用户可以在【文字】文本框中手动输入内容。

2. 设置页面颜色

页面颜色是指显示在Word文档最底层的颜色或图案，用于丰富Word文档的页面显示效果。页面颜色在打印时不会显示。设置页面颜色的具体步骤如下。

STEP1 切换到【设计】选项卡，**1**在【页面背景】组中单击【页面颜色】按钮，**2**在弹出的下拉列表中选择【绿色，个性色6，淡色80%】选项。

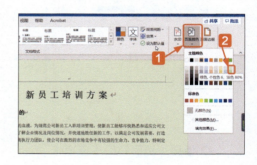

STEP2 如果【主题颜色】和【标准色】中显示的颜色依然无法满足用户的需求，可以在弹出的下拉列表中选择【其他颜色】选项。

STEP3 弹出【颜色】对话框，自动切换到【自定义】选项卡，在【颜色】面板中选择合适的颜色，也可以在下方的微调框中调整颜色的RGB值，然后单击 确定 按钮，返回Word文档可以看到设置效果。

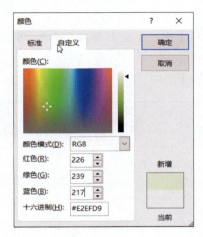

1.2.4 审阅文档

在日常工作中，某些文件需要领导审阅或者经过大家讨论后才能够执行，就需要在这些文件上进行一些批示、修改。Word 2019提供了批注、修订、更改等审阅工具，借助这些工具，可以大大提高办公效率。

1. 添加批注

为了帮助阅读者更好地理解文档内容以及跟踪文档的修改情况，可以为Word文档添加批注。添加批注的具体步骤如下。

STEP1 打开本实例的原始文件，选中要插入批注的文本，①切换到【审阅】选项卡，②在【批注】组中单击【新建批注】按钮。

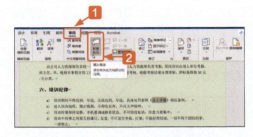

STEP2 可以看到在文档的右侧出现一个批注框，用户可以根据需要输入批注信息。Word 2019的批注信息前面会自动加上用户名以及添加批注的时间。

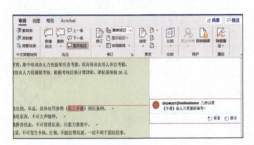

STEP3 如果要删除批注，可先选中批注框，在【批注】组中①单击【删除】按钮的下拉按钮，②在弹出的下拉列表中选择【删除】选项。

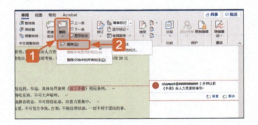

用户可以在批注框中单击【答复】按钮或【解决】按钮，讨论、跟踪批注。

2. 修订文档

Word 2019提供了文档修订功能，在打开修订功能的状态下，系统将会自动跟踪对文档的所有更改,包括插入、删除和格式更改,并标记出更改的内容。

STEP1 ①切换到【审阅】选项卡,②单击【修订】组中的 显示标记 按钮,③在弹出的下拉列表中选择【批注框】→④【在批注框中显示修订】选项。

STEP2 ①在【修订】组中单击 所有标记 按钮右侧的下拉按钮,②在弹出的下拉列表中选择【所有标记】选项。

STEP3 在Word文档中,切换到【审阅】选项卡,在【修订】组中单击【修订】按钮 的上半部分,随即进入修订状态。

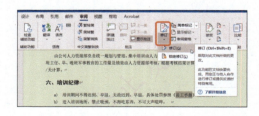

STEP4 将文档的标题"新员工培训方案"的字号调整为"小一",随即在右侧弹出一个批注框,显示了格式修改的详细信息。

STEP5 当所有的修订完成以后,用户可以通过"导航窗格"功能通篇浏览所有的审阅摘要。切换到【审阅】选项卡,①在【修订】组中单击 审阅窗格 按钮,②在弹出的下拉列表中选择【垂直审阅窗格】选项。

STEP6 此时在文档的左侧出现一个导航窗格,并显示审阅记录。

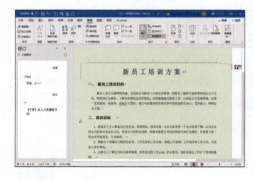

3.更改文档

文档的修订工作完成以后,用户可以跟踪修订内容,并选择接受或拒绝所做的更改。更改文档的具体操作步骤如下。

STEP1 在Word文档中,切换到【审阅】选项卡,在【更改】组中单击【上一处修订】按钮 或【下一处修订】按钮,可以定位到当前修订的上一条或下一条。

STEP2 在【更改】组中 ① 单击【接受】按钮的下半部分按钮，② 在弹出的下拉列表中选择【接受所有修订】选项。

STEP3 审阅完毕，单击【修订】组中的【修订】按钮，退出修订状态。

技巧1　设置局部区域不可编辑

可以将文档中的有些内容设置为例外项，不允许修改编辑。

STEP1 打开本实例的原始文件，在"劳动合同双方当事人基本情况"表格中，

按住【Ctrl】键的同时选中表格中的各个标题，① 切换到【审阅】选项卡，② 在【保护】组中单击【限制编辑】按钮。

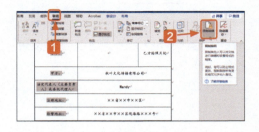

STEP2 弹出【限制编辑】任务窗格，① 在【编辑限制】组合框中勾选【仅允许在文档中进行此类型的编辑】复选框，② 然后在其下拉列表中选择【不允许任何更改（只读）】选项，③ 在【例外项】列表框中勾选【每个人】复选框，④ 单击【是，启动强制保护】按钮。

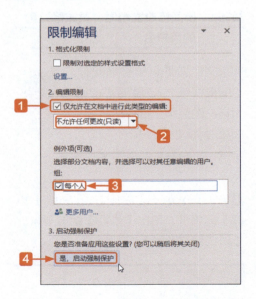

STEP3 弹出【启动强制保护】对话框，① 在【新密码】和【确认新密码】文本框中分别输入密码，此处输入"123456"，② 单击【确定】按钮。

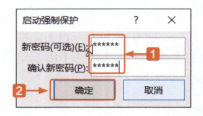

STEP4 返回Word文档，可以看到设置后的效果。

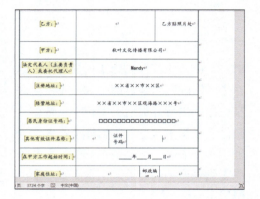

技巧2　协同修改文档时，更改修订者的用户名

如果文档需要多人传阅修改，这时最好每个人都将用户名改为自己的名字，这样在多人共同修改文档的过程中，就可以了解每个参与者都做了哪些修改。

STEP1 在Word文档中，切换到【审阅】选项卡，单击【修订】组右下角的【对话框启动器】按钮。

STEP2 弹出【修订选项】对话框，单击 更改用户名(N)... 按钮。

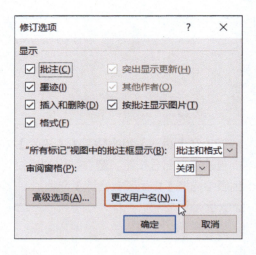

STEP3 弹出【Word选项】对话框，自动切换到【常规】选项卡，❶在【对Microsoft Office进行个性化设置】组合框中的【用户名】文本框中输入"qiuye"，在【缩写】文本框中输入"qy"，❷单击 确定 按钮。

STEP4 返回【修订选项】对话框，再次单击 确定 按钮即可。

技巧3　隐藏不需要打印的文本

在Word打印过程中，用户有时候不想打印其中的某一部分文本，又不想把它删除，可以将其隐藏起来。

第1章 ■ 文档的基本操作

本技巧的素材文件如下

原始文件\第1章\行政管理制度手册.docx

最终效果\第1章\无

微课
扫码看视频

STEP1 打开本实例的原始文件，勾选要隐藏的文本，打开【字体】对话框。

STEP2 ❶在【效果】组合框中勾选【隐藏】复选框，❷单击 确定 按钮。

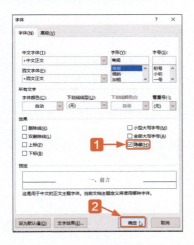

STEP3 返回Word文档，看到选中的文本下方有与其他文本不同的虚线。

STEP4 单击【文件】按钮，在弹出的界面中单击【打印】按钮，可以在右侧预览部分看到选中的文档已经被隐藏起来。

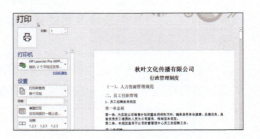

> **提示** 要将隐藏的文本显示出来，需要打开【Word选项】对话框，❶切换到【显示】选项卡，❷在【始终在屏幕上显示这些格式标记】组中勾选【隐藏文字】复选框，单击 确定 按钮即可。

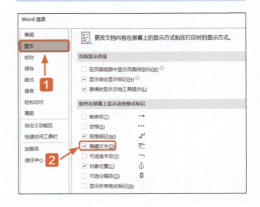

你问我答

Q1： 为什么输入文本的时候自动替换了后面的文本？

因为按了【Insert】键，再按一次【Insert】键输入就正常了。【Insert】键是键盘上的一个功能键，主要用于在文字处理时切换文本输入的模式，可以选择插入模式或者改写模式。默认情况下为插入模式。当处于改写模式时，在光标位置新输入的字会替代原来的字。

29

Q2: 批注和修订有什么不同？

开启修订功能后，用户可以直接修改文档，文档中也会显示出做了哪些修改，用户接受修订后文档就变成修改后的样子。插入批注，就是告诉阅读者，文档应该如何修改。

一般对于修改不多的文档，可以使用修订功能，也可以使用批注功能；而对于需要大篇幅进行修改的文档，一般用批注功能给出修改建议，由原作者修改。

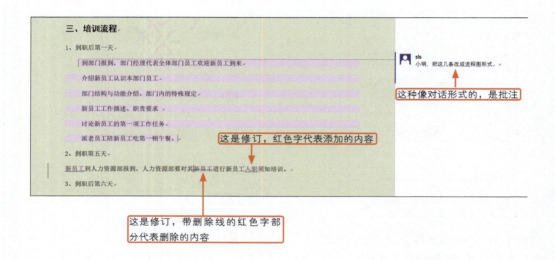

职场拓展

1. 编辑行政工作计划

本章学习了面试通知文档的编辑，实际工作中我们会遇到很多内容多、层级复杂的文档，在编辑这种文档时，需要根据文档的类别，为其各级标题设置合适的字体、字号，也可能需要设计封面等。

下面是一个行政工作计划文档，需要读者在原始文件的基础上对其进行页面设置，在封面中插入图片及形状，美化文档。

 浏览【行政工作计划】文档，可以看到文档共6页，文档主要涉及设置字体格式、段落间距、插入图片、插入形状及文本框等内容。

下面介绍主要制作步骤，更详细的操作，可扫描二维码观看视频。

①打开【行政工作计划】文档，首先要设置各个标题及正文的字体、字号及段落间距。

②在设计封面时，首先要插入图片，在插入图片后，调整图片的放置位置很重要；图片设置完成后，插入形状美化页面，这里要注意调整其透明度。

③在封面上插入文本框，并设置文本的字体格式。

微课
扫码看视频

2. 将多个修改的文档合并成一个文档

人力资源部在年初制定了一份人力资源规划书，制定完成后，需要发送给各个部门进行修订。各部门审阅者修改完成后回复给人力资源部时，就会有多个回复文档，一个一个看起来会比较麻烦，那么需要将各个回复文档整理到一个文档中进行最终修订。将多个文档合并成一个文档，需要在【审阅】的【合并文档】中完成。

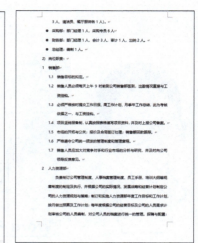

思路分析　浏览【合并人力资源规划书】文档，可以看到文档共8页。这个练习主要涉及合并文档、修订文档以及查看合并后的文档等内容。

下面介绍主要制作步骤，更详细的操作，可扫描二维码观看视频。

①打开【人力资源规划书】文档，首先要在【审阅】选项卡中单击【合并】按钮。

②在【合并文档】对话框中打开要修订的原文档。

③使用同样的方法打开修订后的文件【销售部回复人资规划书】，在【修订的显示位置】组合框中选中【原文档】单选钮，单击【确定】按钮，可以看到合并后的效果。

微课
扫码看视频

第2章
表格应用与图文混排

很多人都只是将Word作为一种文字编辑工具,其实Word的功能很强大,使用Word中的表格和图文混排功能可以制作出很多漂亮的表单,如个人简历、说明书等。

本章配套的教学资源中有相关的素材文件,请读者参见资源中的【本书素材】文件夹。

2.1 个人简历

制作简历的目的是向用人单位展示自己,以获得一次面试的机会,因此,简历要尽可能地引起用人单位的注意,所以简历要制作得很精美,能够让HR感觉眼前一亮。

一份好的简历,可以在众多求职简历中脱颖而出,给HR留下深刻的印象,从而让他决定给你面试机会。

下面我们通过制作个人简历来学习怎样在文档中插入形状与图片、插入文本框以及插入表格,并对表格进行美化。

本小节的素材文件如下
素材文件\第2章\杨诗琪.jpg
原始文件\第2章\个人简历.docx
最终效果\第2章\个人简历.docx

微课
扫码看视频

1. 设置页边距

为了更好地显示效果,在制作简历之前,我们要对页面进行设置。

在Word中进行页面设置主要是设置纸张大小,上下左右页边距等,设置好这几项,就可以确定版心宽度。

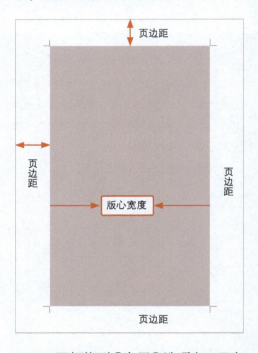

STEP1 ❶切换到【布局】选项卡,❷在【页面设置】组中单击【页边距】按钮,❸在弹出的下拉列表中单击【自定义页边距】选项。

2.1.1 插入形状与图片

使用Word制作简历时,Word系统有默认的页边距以及默认的底图颜色,为了让简历更加美观,我们可以对其进行设置。

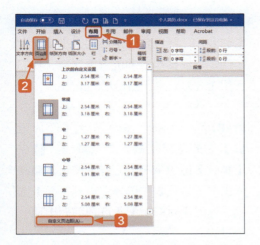

STEP2 弹出【页面设置】对话框，系统默认切换到【页边距】选项卡，❶ 在【页边距】组合框中的上、下、左、右微调框中输入"0"，❷ 然后单击 确定 按钮。

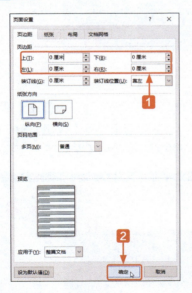

2. 插入形状

为了突出简历中的主要信息，在简历上方插入一个蓝色的矩形作为底图。

STEP1 ❶ 切换到【插入】选项卡，❷ 在【插图】组中单击【形状】按钮，在弹出的下拉列表中 ❸ 单击【矩形】选项 ▭。

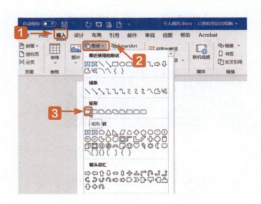

STEP2 当鼠标指针变为 ✛ 形状时，将鼠标指针移动到要插入矩形的位置，按住鼠标左键不放，拖曳鼠标可以绘制一个矩形，绘制完毕放开鼠标左键即可。

3. 让形状与页面宽度一致

插入的矩形是作为底图的，因此，我们将矩形的宽度设置为与页面宽度一致。

同时，我们对矩形的高度也有一定的要求，因为要将个人的基本信息全部放置在矩形区域上，所以要将矩形的高度进行适当调整，其步骤如下。

STEP1 切换到【绘图工具】下的【形状格式】选项卡，在【大小】组中【宽度】微调框中输入"21厘米"，可以看到图片的宽度调整为21厘米，高度也会等比例增大，这是因为系统默认是锁定图片的纵横比的。

> **提示** 因为A4纸的宽度为21厘米，所以此处设置矩形的宽度为21厘米。

STEP2 单击【大小】组右下方的【对话框启动框】按钮 。

STEP3 弹出【布局】对话框，系统默认切换到【大小】选项卡，❶在【高度】组合框中选择【绝对值】单选钮，并在【绝对值】微调框中输入"7.62厘米"，❷取消勾选【锁定纵横比】复选框，❸然后单击 确定 按钮。

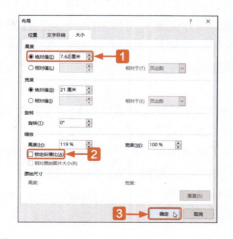

4. 让形状与页面顶端对齐

前面我们已经设定好矩形的大小了，为了使矩形在文档中的位置更精准，我们使用对齐方式来调整矩形的位置。

STEP1 选中矩形，❶切换到【图片工具】下的【形状格式】选项卡，❷在【排列】组中单击【对齐】按钮，❸在弹出的下拉列表中选择【对齐页面】选项，这时【对齐页面】选项前面出现一个对钩。

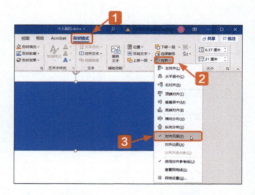

STEP2 设置页面左对齐，❶在【排列】组中再次单击【对齐】按钮，❷在弹出的下拉列表中选择【左对齐】选项。

STEP3 ❶在【排列】组中再次单击【对齐】按钮，❷在弹出的下拉列表中选择【顶端对齐】选项。

5. 更改形状的颜色

绘制的矩形默认底纹填充颜色为深蓝色。这里我们需要将矩形设置为浅蓝色填充、无轮廓。

○ 填充颜色

STEP1 选中矩形，❶切换到【形状格式】选项卡，❷在【形状样式】组中单击 形状填充 按钮，❸在弹出的下拉列表中选择【其他填充颜色】选项。

STEP2 弹出【颜色】对话框，❶切换到【自定义】选项卡，❷在【颜色模式】下拉列表中选择【RGB】选项，然后通过调整【红色】【绿色】【蓝色】微调框中的数值来选择合适的颜色，❸此处【红色】【绿色】【蓝色】微调框中的数值分别设置为158、208、228，❹单击 确定 按钮。

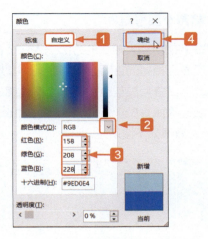

○ 设置形状轮廓

STEP1 ❶在【形状样式】组中单击 形状轮廓 按钮，❷在弹出的下拉列表中选择【无轮廓】选项。

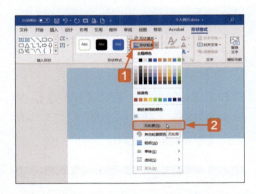

STEP2 返回Word文档，可以看到绘制的矩形效果。

6. 将两个图形对齐

STEP1 使用插入形状的方法插入一个与矩形高度相同的直角三角形，并将其填充颜色设置为浅灰色、轮廓为无轮廓，浅灰色的RGB值分别为226、226、225，效果如下图所示。

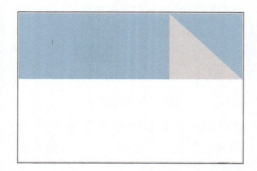

插入的三角形是为了与矩形拼接作为底图使用的，所以我们可以将三角形水平翻转。

STEP2 选中三角形，❶在【排列】组中单击 按钮，❷在弹出的下拉列表中选择【水平翻转】选项。

STEP3 选中矩形与三角形，❶在【排列】组中单击【对齐】按钮，❷在弹出的下拉列表中选择【对齐所选对象】选项，这时【对齐所选对象】选项前面出现一个对钩，再次单击【对齐】按钮，在弹出的下拉列表中选择【顶端对齐】选项。

7. 插入照片

要想将简历制作得精美，一张大方得体的照片必不可少。下面我们就来看看如何插入照片。

STEP1 ❶切换到【插入】选项卡，❷在【插图】组中单击【图片】按钮。

STEP2 弹出【插入】对话框，❶在对话框左侧选择图片所在的保存位置，从中选择合适的图片，❷例如选择图片"杨诗琪"，❸单击 插入(S) 按钮。

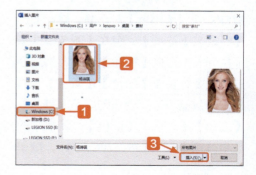

STEP3 返回Word文档，可以看到插入的图片，然后设置图片大小，效果如图所示。

8. 让照片浮于文字上方

由于在Word中默认插入的图片是嵌入式的，嵌入式图片与文字处于同一层，图片好比一个特大的字符，被放置在其他字符之间。为了便于排版，我们需要先调整图片的环绕方式，此处将其环绕方式设置为衬于文字上方。

STEP1 选中图片，❶切换到【图片格式】选项卡，❷在【排列】组中单击 环绕文字 按钮，❸在弹出的下拉列表中选择【浮于文字上方】选项。

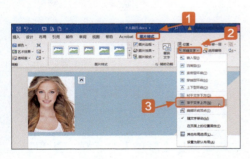

STEP2 设置完毕，将图片移动到合适的位置即可。

9. 裁剪照片

在Word文档中插入图片后，默认情况下图片是方形的，给人一种呆板无趣的感觉。针对这种情况，我们可以使用Word的裁剪功能，将图片裁剪成其他形状，如椭圆。

STEP1 选中图片，❶单击【裁剪】按钮的下部分按钮，❷在弹出的下拉列表中选择【裁剪为形状】→【基本形状】→❸【椭圆】选项。

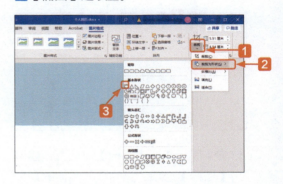

STEP2 设置完毕，可以看到图片的设置效果。

2.1.2 输入信息

设置完底图与照片，需要输入相关信息，让HR对求职者有个基本了解，例如，求职者的姓名、性别、住址以及联系方式等。

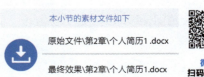

1. 插入并编辑图标

从Word 2016版本开始，Word增加了一项"图标"功能，可以让用户非常方便地插入一些小图标，而无须再从网络上寻找，节省了用户时间。

○ 插入图标

STEP1 ❶切换到【插入】选项卡，❷在【插图】组中单击【图标】按钮。

STEP2 弹出【插入图标】对话框，❶单击【图标】选项，因为我们制作的是一个女生的简历，❷所以选择一个带有女性色彩的图标，❸单击【插入】按钮。

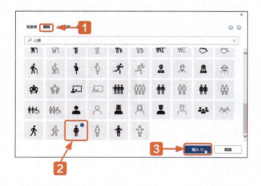

STEP3 返回Word文档，可以看到插入的图标。下面设置图标的大小。单击图标旁边的【布局选项】按钮，在弹出的快捷菜单中选择【浮于文字上方】选项，然后将图标移动到合适的位置。

系统默认插入的图标是黑色的，为了使页面整体协调，我们可以更改图标的颜色，例如将插入的图标设置为灰色。

○ 设置图标的颜色

STEP1 ❶切换到【图形格式】选项卡，❷在【图形样式】组中单击 图形填充 按钮，❸在弹出的下拉列表中选择【其他填充颜色】选项。

STEP2 弹出【颜色】对话框，❶切换到【自定义】选项卡，❷在【颜色模式】下拉列表中选择【RGB】选项，然后通过调整【红色】【绿色】【蓝色】微调框中的数值来选择合适的颜色，❸此处【红色】【绿色】【蓝色】微调框中的数值分别设置为68、61、92，❹单击 确定 按钮。

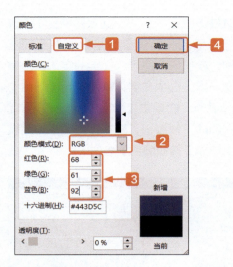

STEP2 当鼠标指针变为 ✚ 形状时,将鼠标指针移动到要插入文本框的位置,按住鼠标左键不放,拖曳鼠标可以绘制一个文本框,绘制完毕,释放鼠标左键即可。

STEP3 返回Word文档,可以看到图标设置颜色后的效果。按照相同的方法插入电话、地址以及邮箱(RGB值分别设置为109、110、113)的图标,效果如下图所示。

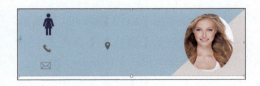

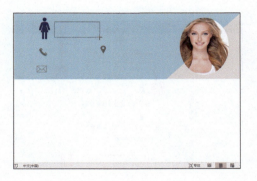

文本框默认的底纹填充颜色为白色,边框颜色为黑色。为了使文本框与简历在整体上更加契合,这里我们需要将文本框设置为无填充、无轮廓。

2.插入并编辑文本框

插入图标后,要输入求职者的相关信息,例如姓名、求职意向、电话、地址以及邮箱,这里我们可以通过插入文本框的方法来输入相关信息。

○ 设置为【无填充】

STEP 选中文本框,①切换到【形状格式】选项卡,②在【形状样式】组中单击 形状填充 按钮,③在弹出的下拉列表中选择【无填充】选项。

○ 插入文本框

STEP1 ①切换到【插入】选项卡,②在【文本】组中单击【文本框】按钮,③在弹出的下拉列表中选择【绘制横排文本框】选项。

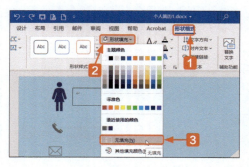

○ 设置为【无轮廓】

STEP 选中文本框，<u>1</u>切换到【形状格式】选项卡，<u>2</u>在【形状样式】组中单击 形状轮廓 按钮，<u>3</u>在弹出的下拉列表中选择【无轮廓】选项。

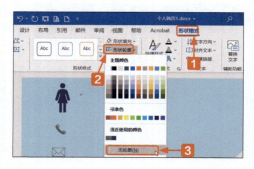

设置完文本框格式后，接下来就可以在文本框中输入求职者的姓名以及求职意向，并设置输入内容的字体格式。

○ 设置字体、字号

STEP1 在文本框中输入文本"杨诗琪"，然后选中文本，切换到【开始】选项卡，在【字体】组中的【字体】下拉列表中选择【微软雅黑】选项，在【字号】下拉列表中选择【小一】选项。

STEP2 默认情况下，文本框中文字的颜色为黑色，黑色会使整体显得比较压抑，我们可以适当将文字的字体颜色调浅一点。选中文字，<u>1</u>切换到【开始】选项卡，<u>2</u>单击【字体颜色】按钮 A 右侧的下拉按钮，<u>3</u>在弹出的下拉列表中选择【其他颜色】选项。

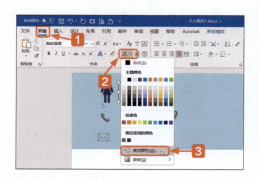

STEP3 弹出【颜色】对话框，<u>1</u>切换到【自定义】选项卡，<u>2</u>在【颜色模式】下拉列表中选择【RGB】选项，然后通过调整【红色】【绿色】【蓝色】微调框中的数值来选择合适的颜色，<u>3</u>此处【红色】【绿色】【蓝色】微调框中的数值分别设置为 68、61、92，<u>4</u>单击 确定 按钮。

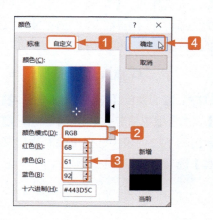

STEP4 返回Word文档，可以看到设置后的效果。按照相同的方法，在姓名文

2.1.3 创建表格

用户设置完个人基本信息后,需要对求职者的教育背景、工作经验等信息进行设置。

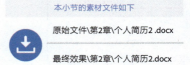

1. 插入表格

个人的教育背景、工作经验、自我评价以及获奖证书等信息,比较整齐,对于这类信息,我们可以使用表格的形式输入。

STEP1 ❶切换到【插入】选项卡,❷在【表格】组中单击【表格】按钮,❸在弹出的下拉列表中选择【插入表格】选项。

STEP2 弹出【插入表格】对话框,❶在【列数】微调框中输入【2】,在【行数】微调框中输入【4】,❷然后选中【根据内容调整表格】单选钮,❸单击 确定 按钮。

本框下方再绘制一个文本框,并将其设置为无轮廓、无填充,然后在文本框中输入"求职意向:销售顾问",并设置其格式,此处将字体设置为"微软雅黑","求职意向"的字号为"9.5","销售顾问"的字号为"13.5",字体颜色与姓名的颜色一致。

STEP5 输入姓名与求职意向后,我们可以按照相同的方法输入电话、地址以及邮箱等信息,并设置文本的字体为"微软雅黑",字号为"12.5",字体颜色与图标颜色一致。

STEP6 输入基本信息后,在电话与邮箱之间插入一条直线与一个圆形来间隔,填充颜色与邮箱等图标的颜色一致。

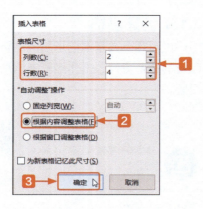

STEP3 单击表格左上角的【表格】按钮 ⊞，选中整个表格，按住鼠标左键不放，拖曳鼠标，将表格拖曳到合适的位置。选中表格的第1列，切换到【开始】选项卡，在【字体】组中的【字体】下拉列表中选择【微软雅黑】选项，在【字号】下拉列表中选择【三号】选项，【字体颜色】的RGB设置为88、89、91，然后单击【加粗】按钮 B，将表格第1列的字体设置为微软雅黑、三号、加粗显示。

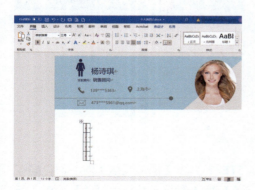

STEP4 选中表格的第2列，在【字体】下拉列表中选择【微软雅黑】选项，在【字号】下拉列表中选择【11】选项，【字体颜色】的RGB设置为109、110、113，将表格第2列的字体设置为微软雅黑、11号（因"工作经验"部分内容较多，我们可以适当调整其字号大小，这

里设置为小五号）。设置完毕后，在表格中输入信息的具体内容，然后适当调整表格的行高。

2. 去除边框

表格带有边框会显得比较中规中矩，我们可以将表格的边框删除。

STEP 选中整个表格，❶切换到【表格工具】栏的【表设计】选项卡，❷在【边框】组中单击【边框】按钮，❸在弹出的下拉列表中选择【无框线】选项，可以将表格的边框删除。

3. 调整行高

在表格中输入的内容有多有少，例如"工作经验"中的内容很多，这时可以调整表格行高来控制表格的间距。

STEP 选中表格中的"教育背景"和"工作经验"中的内容，切换到【表格工具】下的【布局】选项卡，在【单元格大小】组中的【高度】微调框中输入"5.5厘米"即可；设置完毕，选中"自我评价"和"荣誉证书"中的内容，将其行高设置为"3.5厘米"。

4. 为表格中的文字添加边框

设置完成表格中的内容后，可以看到这部分内容全是文字，略显单调。此处，我们可以为第一列表格中的内容添加文字边框。

添加文字边框的方式有两种：一种是字符边框；另一种是带圈字符。但是这两种方式为文字添加的边框默认都是黑色的，而文字本身又是黑色，再加上黑色的边框就会显得比较压抑。所以，此处不使用系统自带的添加文字边框的方式为文字添加边框，而是通过插入形状来为文字添加边框。

STEP1 按照前面介绍的方法插入一个【无填充】的椭圆形状，并设置其文字环绕方式为【浮于文字上方】，然后调整其大小与位置。

STEP2 选中椭圆，切换到【绘图工具】下的【形状格式】选项卡，①在【形状样式】组中单击【形状轮廓】按钮，②在弹出的下拉列表中选择【其他轮廓颜色】选项。

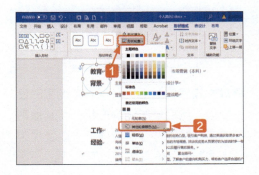

STEP3 弹出【颜色】对话框，①切换到【自定义】选项卡，②在【颜色模式】下拉列表中选择【RGB】选项，然后通过调整【红色】【绿色】【蓝色】微调框中的数值来选择合适的颜色，③此处【红色】【绿色】【蓝色】微调框中的数值分别设置为158、208、228，④单击【确定】按钮。

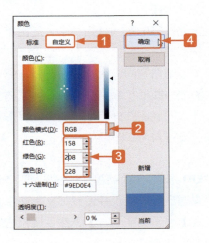

STEP4 ①单击【形状轮廓】按钮，②在弹出的下拉列表中选择【粗细】→③【0.75磅】选项。

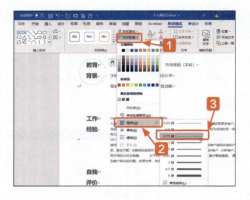

STEP5 设置完成后，可以看到椭圆的设置效果，然后复制椭圆形状，将其粘贴到"工作经验""自我评价"以及"荣誉证书"上，效果如下图所示。

5. 设置留白

设置完表格中的内容后，个人简历基本制作完成，浏览这个页面，会发现在表格下方留白空间较大，我们可以在留白处添加一些形状来填充留白；为了与上方插入的底图部分相呼应，可以将形状颜色设置为与底图颜色一致。

STEP1 按照前面介绍的方法插入两个无轮廓的矩形形状，并设置其文字环绕方式为【浮于文字上方】，然后调整它们的大小与位置。

STEP2 选中形状，1切换到【绘图工具】下的【形状格式】选项卡，2在【插入形状】组中单击【编辑形状】按钮，3在弹出的下拉列表中选择【编辑顶点】选项。

STEP3 此时矩形上出现4个黑色控制点，将鼠标指针移动到矩形的黑色控制点上，当鼠标指针变为◆形式时，按住鼠标左键不放，向内侧拖曳到合适位置。

STEP4 我们将形状设置为无轮廓的灰色填充（灰色的RGB为226、226、225），用同样的方法再插入一个蓝色的形状（填充颜色的RGB为158、208、228），效果如图所示。

第2章 ■ 表格应用与图文混排

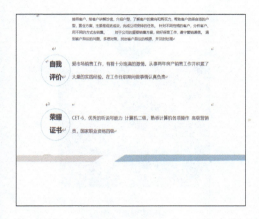

STEP2 选中"人物"图标，切换到【开始】选项卡，在【剪贴板】组中双击【格式刷】按钮 。

STEP3 当鼠标指针变为 形状时，单击"电话"图标，可以看到"电话"图标的颜色变为蓝色。

STEP4 使用【格式刷】按钮依次将"地址""邮箱"图标设置为蓝色即可。

秋叶私房菜

技巧1　神奇高效的格式刷

在2.1.2小节插入"电话""地址""邮箱"的图标后，可以使用格式刷 刷取设置好颜色的"人物"图标的格式。

STEP1 打开本实例的原始文件，选中"人物"图标 ，切换到【图形工具】下的【图形格式】选项卡，在【调整】组中单击 颜色 按钮，从弹出的下拉列表中选择一种蓝色。

技巧2　神奇的【F4】键

在2.1.2小节，如果分别插入"人物""电话""地址""邮箱"图标，然后将"人物"图标设置为蓝色，这时想让其余图标与"人物"图标的颜色一

47

STEP1 按照技巧1所示方法将"人物"图标的颜色设置为蓝色，然后单击"电话"图标。

STEP2 按【F4】键，可以看到"电话"图标变为蓝色。

STEP3 再次按【F4】键依次将"地址""邮箱"图标设置为蓝色即可。

2.2 岗位说明书

企业要调动全体员工的积极性，充分发挥各级人员的工作能动性，使整个企业协调有序的运行，需要制定一个标准。

岗位说明书是针对每个岗位员工制作的，用以实现员工在整个工作过程相互之间的协调，促进员工工作质量和工作效率的提升的文书。

在制作岗位说明书之前，要先对页面进行设置，设置好页面并输入说明书内容后，可以对说明书进行美化设置，例如插入边框与底纹，并设计其封面。

效果展示

2.2.1 设计页面

页面设计工作主要先设置布局，然后对页面颜色进行调整。

本小节的素材文件如下
原始文件\第2章\岗位说明书.docx
最终效果\第2章\岗位说明书.docx

微课扫码看视频

1. 设置布局

设计岗位说明书的布局前，要先确定纸张大小、纸张方向、页边距等要素。设置页面布局的具体操作步骤如下。

STEP1 打开本实例的原始文件，①切换到【布局】选项卡，②单击【页面设置】组右下角的【对话框启动器】按钮。

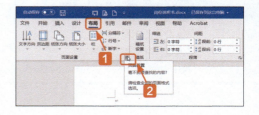

STEP2 弹出【页面设置】对话框，①切换到【页边距】选项卡，②设置文档的页边距，③然后选中【纵向】选项。

STEP3 ①切换到【纸张】选项卡，②在【纸张大小】下拉列表中选择【A4】选项，③单击 确定 按钮即可。

2. 设置背景颜色

Word文档默认使用的页面背景颜色一般为白色，而白色页面会显得比较单调，此处我们应该综合考虑页面的背景颜色与说明书整体的搭配效果。

STEP1 ①切换到【设计】选项卡，②在【页面背景】组中单击【页面颜色】按钮，③在弹出的下拉列表中的【主题颜色】库中选择一种合适的颜色即可。

STEP2 如果用户对颜色要求比较高，也可以在弹出的下拉列表中选择【其他颜色】选项。

STEP3 弹出【颜色】对话框，①切换到【自定义】选项卡，②在【颜色模式】下拉列表中选择【RGB】选项，③然后通过调整【红色】【绿色】【蓝色】微调框中的数值来选择合适的颜色，④单击 确定 按钮。

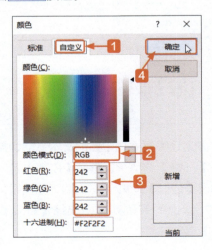

2.2.2 添加边框和底纹

通过在Word文档中插入段落边框和底纹，可以使相关段落的内容更加醒目，从而增强Word文档的可读性。

本小节的素材文件如下：
原始文件\第2章\岗位说明书1.docx
最终效果\第2章\岗位说明书1.docx

微课
扫码看视频

1. 添加边框

在默认情况下，段落边框的格式为黑色单直线。用户可以通过设置段落边框的格式，使其更加美观。为文档添加边框的具体步骤如下。

STEP1 打开本实例的原始文件，效果如下图所示。

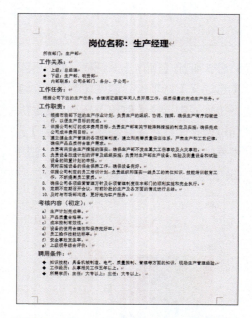

STEP2 选中要添加边框的文本，切换到【开始】选项卡，在【段落】组中单击【边框】按钮右侧的下拉按钮，在弹出的下拉列表中选择【外侧框线】选项。

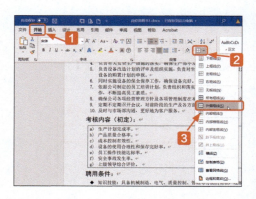

STEP3 返回Word文档，效果如下图所示。

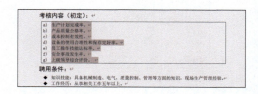

2. 添加底纹

为文档添加底纹的具体步骤如下。

STEP1 选中要添加底纹的文档，切换到【设计】选项卡，在【页面背景】组中单击【页面边框】按钮。

STEP2 弹出【边框和底纹】对话框，切换到【底纹】选项卡，在【填充】下拉列表中选择【蓝色，个性色5，淡色80%】选项。

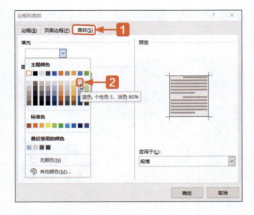

1. 插入图片

在封面上插入图片的操作步骤如下。

STEP1 将鼠标指针定位在标题行文本前，在文档的开头插入一个空白页，将鼠标指针定位在空白页中，❶切换到【插入】选项卡，❷在【插图】组中单击【图片】按钮。

STEP3 ❶在【图案】组中的【样式】下拉列表中选择【5%】选项，❷单击 确定 按钮。

STEP2 弹出【插入图片】对话框，选择图片所在的文件夹，❶然后从中选择要插入的素材文件"图片1"，❷单击 插入(S) 按钮。

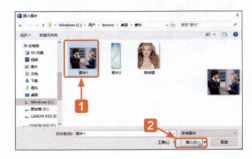

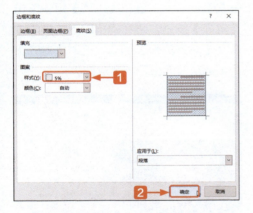

STEP3 返回Word文档，可以看到选中的素材图片已经插入Word文档中。

STEP4 返回Word文档，效果如下图所示。

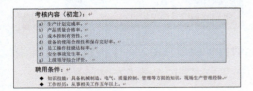

2.2.3 插入封面

在Word文档中，通过插入图片和文本框，用户可以快速地为文档设计封面。

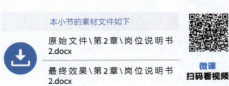

51

STEP4 选中图片,切换到【图片工具】下的【图片格式】选项卡,在【大小】组中的【宽度】微调框中输入【21厘米】。

STEP5 可以看到图片的宽度调整为21厘米,高度也会等比例变化,这是因为系统默认是锁定图片的纵横比的。

2. 设置图片环绕方式

由于在Word中默认插入的图片是嵌入式的,嵌入式图片与文字处于同一层。此处的图片是当作背景图,所以我们需要调整图片的环绕方式为衬于文字下方。

设置图片环绕方式和调整图片位置的具体操作步骤如下。

STEP1 选中图片,❶切换到【图片工具】下的【图片格式】选项卡,❷在【排列】组中单击【环绕文字】按钮,❸在弹出的下拉列表中选择【衬于文字下方】选项。

STEP2 设置好环绕方式后,就可以设置图片的位置了。为了使图片的位置更精确,我们使用对齐方式来调整图片位置。❶切换到【图片工具】下的【图片格式】选项卡,❷在【排列】组中单击【对齐】按钮,❸在弹出的下拉列表中选择【对齐页面】选项,这时【对齐页面】选项前面出现一个对钩。

STEP3 ❶单击【对齐】按钮,❷在弹出的下拉列表中选择【左对齐】选项。

STEP4 ①单击【对齐】按钮，②在弹出的下拉列表中选择【顶端对齐】选项。

STEP5 设置完毕，返回Word文档，可以看到设置后的效果。

3. 设置封面文本

在封面中输入文字的方法有多种，除通过绘制文本框输入文字外，我们还可以使用内置的文本框来输入文字。

STEP1 ①切换到【插入】选项卡，②在【文本】组中单击【文本框】按钮，③在弹出的【内置】列表框中选择【简单文本框】选项。

STEP2 在文本框中输入文本"岗位职责说明书"，然后选择文本，切换到【开始】选项卡，在【字体】组中的【字体】下拉列表中选择【华文细黑】选项，在【字体】组中的【字号】下拉列表中选择【小初】选项，单击【加粗】按钮 B 。

STEP3 ①在【字体】组中单击【字体颜色】按钮 ▲ ，②在弹出的下拉列表中选择【其他颜色】选项。

STEP4 弹出【颜色】对话框，①切换到【自定义】选项卡，②在【颜色模式】下拉列表中选择【RGB】选项，然后通过调整【红色】【绿色】和【蓝色】微调框中的数值来选择合适的颜色，③此处【红色】【绿色】【蓝色】微调框中的数值分别设置为0、66、122，④单击 确定 按钮即可。

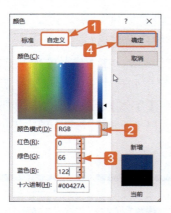

STEP5 选中文本框,将其设置为无填充、无轮廓;用同样的方法输入"撰写人:陈云",设置字体为【微软雅黑】,字号为【三号】,字体颜色为蓝色。

技巧1 一个文档设置纵横两种纸张方向

一个文档中可以有多个节,用户可以为这些节设置相同或者不同的页面布局。本技巧介绍为一个文档设置纵横两种纸张方向的方法。

本技巧的素材文件如下
原始文件\第2章\月度销售分析.docx
最终效果\第2章\月度销售分析.docx

微课
扫码看视频

STEP1 打开本实例的原始文件,这个文件共有7页。将光标定位于第5页页首位置,❶切换到【布局】选项卡,在【页面设置】组中❷单击【分隔符】按钮,❸在弹出的下拉列表中选择【分节符】组中的【下一页】选项。此时文档变为8页,原来的第5页变为第6页。

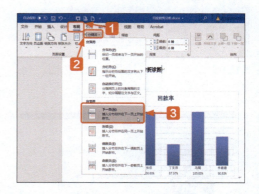

STEP2 下面将文档的第3页、第4页的纸张方向改为横向。将光标定位于第3页,❶单击【页面设置】组中的【纸张方向】按钮,❷在弹出的下拉列表中选择【横向】选项。

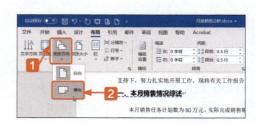

STEP3 此时缩小文档的显示比例,效果如下图所示。

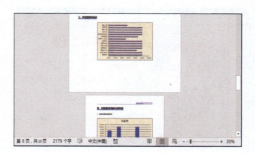

技巧2 在打开的多个文档间快速切换

当打开的文档较多时,用户可以通过以下两种方法快速地在打开的文档间进行切换。

方法1:按【Ctrl】+【Shift】+【F6】组合键依次切换到打开的每一个文档。

方法2:按【Ctrl】+【Tab】组合键,也可以在打开的多个文档间进行切换。

你问我答

Q1: 软回车和硬回车有什么区别?

硬回车是我们在文档中按【Enter】(回车)键产生的,它在换行的同时也起着段落分隔的作用。

软回车是按【Shift】+【Enter】组合键产生的,它换行,但是并不换段,即前后两段文字在Word中属于同一"段"文本。

我们常用的回车是硬回车,就是Word中的那个弯曲的小箭头↵,占两个字节。这种回车可以有效地把段落标记出来。在两个硬回车之间的文字自成一个段落,可以对它单独设置段落标记,而不用担心其他段落受到影响。

软回车只占一个字节,在Word中是一个向下的箭头↓。如果你从网页中复制文字,然后粘贴到Word中就会出现这样的符号。但是想在Word中直接输入软回车可不是那么容易的。因为软回车不是真正的段落标记,它只是另起了一行,不是分段。因为它无法作为单独的一段被赋予特殊的格式,所以它很不利于文字排版。

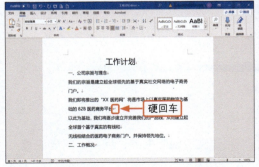

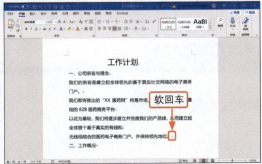

Q2: 怎样合并多文档？

用户在合并文档时，通常是使用复制、粘贴的方式来完成的，但当合并的文档比较多且比较长时，复制、粘贴不仅费时费力，还有可能出错。下面我们介绍一种更好的合并文档的方法。

STEP1 新建一个Word文档，切换到【插入】选项卡，❶在【文本】组中单击【对象】按钮右侧的下拉按钮，❷在弹出的下拉列表中选择【文件中的文字】选项。

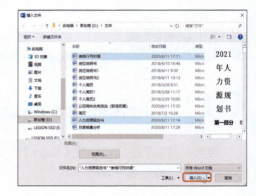

STEP2 弹出【插入文件】对话框，选中所有需要合并的文档，单击【插入(S)】按钮。

STEP3 返回Word文档，选中的所有文档的内容已经插入当前文档中，效果如下图所示。

职场拓展

美化公司周年庆典活动方案

本章我们学习了岗位说明书的制作方法，在制作岗位说明书的过程中，需要设置页面以及其背景颜色，在需要重点标注的地方，添加边框与底纹，并设置其封面。下面是一个公司的周年庆典活动方案，用户要在原始文件的基础上，对方案进行相应设置，并在封面中插入图片，以及插入对应的文本框并进行相应美化。

 浏览【公司周年庆典活动】文档，可以看到文档共2页，美化这个文档主要涉及设置字体格式、插入图片、插入文本框并设置文本颜色等操作。

下面介绍主要制作步骤，更详细的操作，可扫描二维码观看视频。

扫码看视频

①打开【公司周年庆典活动】文档后，首先要对各个标题及正文的字体、字号及段落间距进行设置。

②在设置封面时，首先要插入图片，在插入图片后，调整图片的方向很重要；图片设置完成后，插入文本框并输入文字。

③美化封面上文本框中的文字。

第3章
Word 高级排版

Word 2019除了具有强大的文字处理功能外，还支持在文档中插入目录、页眉和页脚、题注、脚注、尾注等。

本章配套的教学资源中有相关的素材文件，请读者参见资源中的【本书素材】文件夹。

3.1 企业规划书

企业规划书是一份全方位描述企业发展的文件,是企业拥有良好融资能力、实现跨越式发展的重要条件之一。在编辑企业规划书文档之前,我们需要先对页面进行设置。在日常办公中,我们接触的绝大部分文档,如各种合同、工作汇报、调查报告等,都使用的是A4纸张,因此在制作企业规划书时,选用的也是A4纸张。

要想制作一份完整的企业规划书,对页面进行设置后,首先输入规划书内容,然后通过使用样式对规划书进行设置,最后在文档中插入目录、插入页眉和页脚以及插入题注、脚注等。

微课
扫码看视频

1. 设置纸张大小

页边距通常是指文本内容与页面边缘之间的距离。通过设置页边距,可以使Word文档的正文部分与页面边缘保持一个合适的距离。在设置页边距前,需要先设置纸张的大小,这里将纸张大小设置为A4。

设置纸张大小和页边距的具体步骤如下。

STEP1 打开本实例的原始文件,①切换到【布局】选项卡,②单击【页面设置】组中的【纸张大小】按钮,③在弹出的下拉列表中单击【A4】选项。

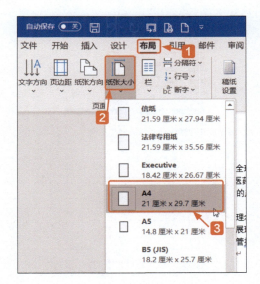

STEP2 用户还可以自定义纸张大小。单击【页面设置】组中的【纸张大小】按钮,在弹出的下拉列表中单击【其他纸张大小】选项。

3.1.1 页面设置

页面设置包括纸张大小和纸张方向的设置。

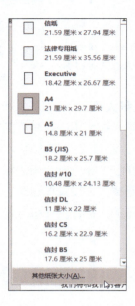

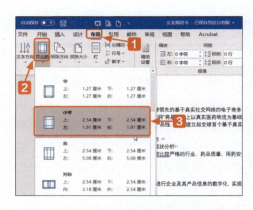

STEP3 弹出【页面设置】对话框，①切换到【纸张】选项卡，②在【纸张大小】下拉列表中选择【自定义大小】选项，③然后设置【宽度】和【高度】的值。设置完毕，④单击 确定 按钮。

STEP5 返回Word文档，可以看到设置后的效果。用户也可以自定义页边距，方法如下。切换到【布局】选项卡，单击【页面设置】组右下角的【对话框启动器】按钮 。

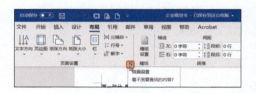

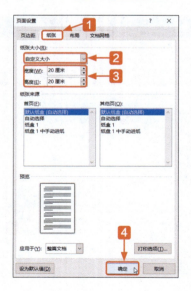

STEP6 弹出【页面设置】对话框，①切换到【页边距】选项卡，②设置文档的页边距，③然后在【纸张方向】组合框中选中【纵向】选项，④单击 确定 按钮。

STEP4 ①切换到【布局】选项卡，②单击【页面设置】组中的【页边距】按钮，③在弹出的下拉列表中单击【中等】选项。

2. 设置纸张方向

除了设置页边距和纸张大小以外，用户还可以在Word文档中非常方便地设置纸张的方向。设置纸张方向的具体步骤如下。

STEP 切换到【布局】选项卡，①单击【页面设置】组中的【纸张方向】按钮，②在弹出的下拉列表中选择纸张方向，如选择【纵向】选项。

3.1.2 使用样式

样式是指一组已经命名的字符格式和段落格式的集合。在编辑文档的过程中，正确设置和使用样式可以极大地提高工作效率。

本小节我们先为企业规划书的各部分内容套用Word的内置样式。了解样式的使用方法后，我们根据自己的需求，自定义样式。为了体验样式在长文档编辑中的快捷与高效，我们通过修改企业规划书正文的字体格式和段落格式，来看看使用样式后的文档如何快速改变格式。

本小节的素材文件如下
原始文件\第3章\企业规划书1.docx
最终效果\第3章\企业规划书1.docx
微课 扫码看视频

1. 套用系统内置样式

Word 2019自带了一个样式库，用户既可以套用内置样式设置文档格式，也可以根据需要更改样式。

○ 使用【样式】库

下面介绍使用Word 2019提供的【样式】库中的样式设置文档格式的方法。

STEP1 打开本实例的原始文件，选中要使用样式的一级标题文本"第一部分 概要"，①切换到【开始】选项卡，②单击【样式】组中 按钮，在弹出的下拉列表中单击【标题1】选项。

STEP2 使用同样的方法，选中要使用样式的二级标题文本，在弹出的【样式】下拉库中单击【标题2】选项。

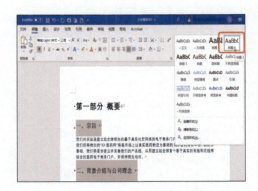

○ 利用【样式】任务窗格

除了利用【样式】库之外，用户还可以利用【样式】任务窗格应用内置样式。具体的操作步骤如下。

STEP1 选中要使用样式的三级标题文

本，切换到【开始】选项卡，单击【样式】组右下角的【对话框启动器】按钮。

STEP4 返回【样式】任务窗格，然后在【样式】列表框中选择【标题3】选项。

STEP2 弹出【样式】任务窗格，然后单击右下角的【选项】按钮。

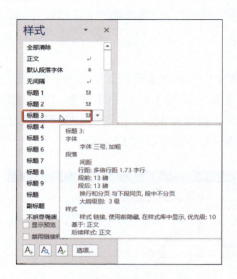

STEP5 使用同样的方法，用户可以设置其他标题的样式。

2. 自定义样式

在Word 2019的空白文档窗口中，用户可以新建一种全新的样式，例如新的文本样式、新的表格样式或者新的列表样式等。新建样式的具体步骤如下。

STEP3 弹出【样式窗格选项】对话框，1 在【选择要显示的样式】下拉列表中选择【所有样式】选项，2 单击 确定 按钮。

STEP1 选中要应用新建样式的图片，然后在【样式】任务窗格中单击【新建样式】按钮。

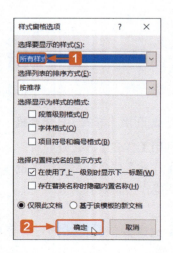

STEP2 弹出【根据格式化创建新样式】对话框，**1** 在【名称】文本框中输入新样式的名称"图"，**2** 在【后续段落样式】下拉列表中选择【图】选项，**3** 在【格式】组合框中单击【居中】按钮 ≡。经过这些设置后，应用"图"样式的图片就会居中显示在文档中。**4** 单击 格式(O)▼ 按钮，**5** 在弹出的下拉列表中单击【段落】选项。

STEP3 弹出【段落】对话框，**1** 在【行距】下拉列表中选择【最小值】选项，在【设置值】微调框中输入"12磅"，**2** 然后分别在【段前】和【段后】微调框中输入"0.5行"，**3** 单击 确定 按钮。经过设置后，应用"图"样式的图片就会以行距12磅，段前、段后各空0.5行的方式显示在文档中。

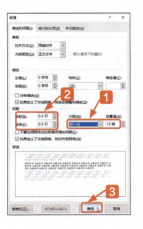

STEP4 返回【根据格式化创建新样式】对话框。系统默认勾选了【添加到样式库】复选框，单击 确定 按钮。返回Word文档，此时新建样式"图"显示在【样式】任务窗格中，选中的图片自动应用该样式。

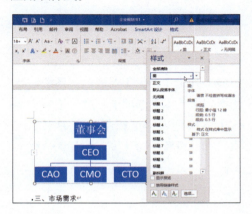

3. 修改样式

无论是Word的内置样式，还是自定义样式，用户都可以随时对其进行修改。在Word 2019中修改正文的字体、段落样式的具体步骤如下。

STEP1 将光标定位到正文文本中，**1** 在【样式】任务窗格中的【样式】列表中选择【正文】选项，**2** 单击鼠标右键，在弹出的快捷菜单中单击【修改】选项。

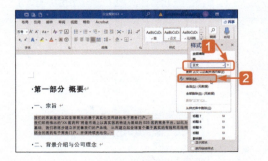

STEP2 弹出【修改样式】对话框，**1** 单击 格式(O)▼ 按钮，**2** 在弹出的下拉列表中单击【字体】选项。

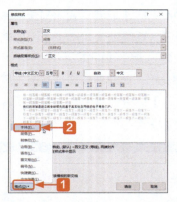

STEP3 弹出【字体】对话框，系统自动切换到【字体】选项卡，❶在【中文字体】下拉列表中选择【华文中宋】选项，其他设置保持不变，❷单击 确定 按钮。

STEP4 返回【修改样式】对话框，❶然后单击 格式(O)▼ 按钮，❷在弹出的下拉列表中单击【段落】选项。

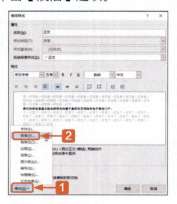

STEP5 弹出【段落】对话框，❶切换到【缩进和间距】选项卡，❷然后在【特殊】下拉列表中选择【首行】选项，在【缩进值】微调框中输入"2字符"，❸单击 确定 按钮。

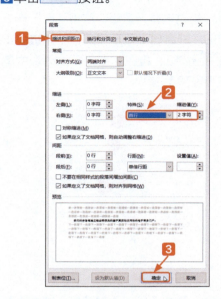

STEP6 返回【修改样式】对话框，单击 确定 按钮，返回Word文档，此时文档中正文格式的文本以及基于正文格式的文本都自动应用了新的正文样式。

STEP7 将鼠标指针移动到【样式】任务窗格中的【正文】选项上，此时可以查看正文的样式，使用同样的方法修改其他样式即可。

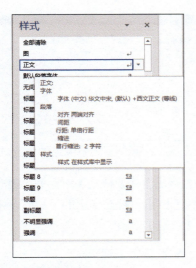

4．刷新样式

样式设置完成后，接下来就可以刷新样式了。刷新样式的具体操作步骤如下。

STEP1 打开【样式】任务窗格，单击右下角的【选项】按钮。

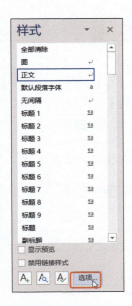

STEP2 弹出【样式窗格选项】对话框，然后❶在【选择要显示的样式】下拉列表中选择【当前文档中的样式】选项，❷单击 确定 按钮。

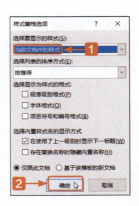

STEP3 返回【样式】任务窗格，此时【样式】任务窗格中只显示当前文档中用到的样式，便于用户刷新格式。

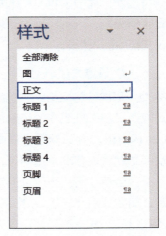

STEP4 按【Ctrl】键，同时选中所有要刷新样式的一级标题的文本，然后在【样式】下拉列表中选择【标题1】选项，此时所有选中的一级标题的文本都应用该样式。

3.1.3 插入并编辑目录

企业规划书文档创建完成后,为了便于阅读,可以为文档添加一个目录。有了目录,文档的结构便一目了然,读者也更容易定位到文档某个标题下的具体内容。

本小节的素材文件如下	
原始文件\第3章\企业规划书2.docx	
最终效果\第3章\企业规划书2.docx	微课 扫码看视频

1. 插入目录

生成目录之前,先要根据文档的标题样式设置大纲级别,大纲级别设置完毕,可以在文档中插入目录。

○ 设置大纲级别

Word是使用层次结构来组织文档的,大纲级别就是段落所处层次的级别编号。Word 2019提供的内置标题样式中的大纲级别都是默认设置的,用户可以直接生成目录。当然,用户也可以自定义大纲级别,例如分别将标题1、标题2和标题3设置成1级、2级和3级。设置大纲级别的具体步骤如下。

STEP1 打开本实例的原始文件,将光标定位在一级标题的文本上,切换到【开始】选项卡,单击【样式】组右下角的【对话框启动器】按钮,弹出【样式】任务窗格,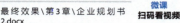在【样式】列表框中选择【标题1】选项,③然后单击鼠标右键,在弹出的快捷菜单中单击【修改】选项。

STEP2 弹出【修改样式】对话框,①单击 格式(O) 按钮,②在弹出的下拉列表中单击【段落】选项。

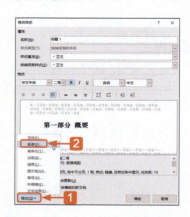

STEP3 弹出【段落】对话框,切换到【缩进和间距】选项卡,①在【常规】组合框中的【大纲级别】下拉列表中选择【1级】选项,②单击 确定 按钮。

STEP4 返回【修改样式】对话框，再次单击 确定 按钮，返回Word文档。

STEP5 使用同样的方法，将"标题2"的大纲级别设置为"2级"。

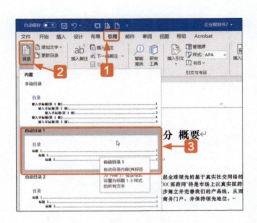

STEP6 使用同样的方法，将"标题3"的大纲级别设置为"3级"。

● 生成目录

大纲级别设置完毕，接下来就可以生成目录了。生成目录的具体步骤如下。

STEP1 将光标定位到文档中第一行的行首，①切换到【引用】选项卡，②单击【目录】组中的【目录】按钮，③在弹出下拉列表中单击【内置】中的目录选项即可，如单击【自动目录1】选项。

STEP2 返回Word文档，在光标所在位置自动生成了一个目录，效果如下图所示。

2. 修改目录

如果用户对插入的目录不满意，可以修改目录，具体步骤如下。

STEP1 切换到【引用】选项卡，单击【目录】组中的【目录】按钮，在弹出的下拉列表中单击【自定义目录】选项。

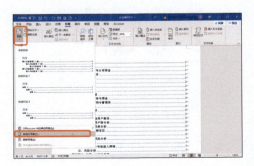

STEP2 弹出【目录】对话框,系统自动切换到【目录】选项卡,**1**在【格式】下拉列表中选择【来自模板】选项,**2**单击 修改(M)... 按钮。

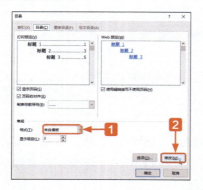

STEP3 弹出【样式】对话框,**1**在【样式】列表框中选择【TOC1】选项,**2**单击 修改(M)... 按钮。

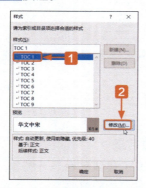

STEP4 弹出【修改样式】对话框,**1**在【字体颜色】下拉列表中选择【紫色】选项,**2**然后单击【加粗】按钮 **B** ,**3**单击 确定 按钮。

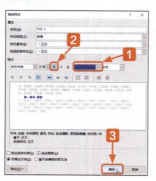

STEP5 返回【样式】对话框,单击 确定 按钮,返回【目录】对话框,在【打印预览】组合框中可以看到TOC1(对应"标题1")的设置效果。

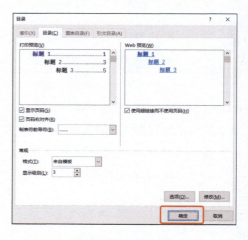

STEP6 单击 确定 按钮,弹出提示对话框,单击 是(Y) 按钮。

STEP7 返回Word文档,可以看到设置后的效果,如下图所示。用户还可以直接在生成的目录中对目录的字体格式和段落格式进行设置。

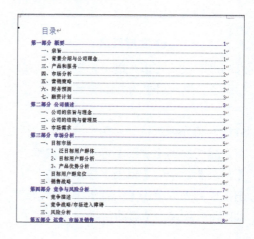

3. 更新目录

在编辑或修改文档的过程中，如果文档内容或格式发生了变化，则需要更新目录。更新目录的具体步骤如下。

STEP1 将标题"第一部分 概要"改为"第一章 概要"，切换到【引用】选项卡，单击【目录】组中的【更新目录】按钮。

STEP2 弹出【更新目录】对话框，①单击【更新整个目录】单选钮，②单击 确定 按钮。

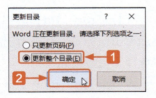

STEP3 返回 Word 文档，可以看到标题已更新，同时目录中的页码已更新。

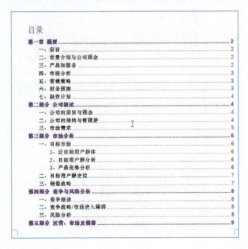

3.1.4 插入页眉和页脚

为了使文档的整体显示效果更具专业水准，文档创建完成后，通常需要为文档添加页眉、页脚等修饰性元素。Word 文档的页眉或页脚不仅支持文本内容，还可以在其中插入图片，例如在页眉或页脚中插入公司的LOGO、单位的徽标、个人的标识等图片。

本小节的素材文件如下	
 原始文件\第3章\企业规划书3.docx	
最终效果\第3章\企业规划书3.docx	微课 扫码看视频

1. 插入分隔符

本案例中，先插入分节符，将目录部分与正文部分分隔，以便为目录部分单独设置页码。

○ 插入分节符

分节符起着分隔其前后文的文档格式的作用，如果删除了某个分节符，它前面的文档会合并到后面的节中，并且采用后者的格式设置。在Word文档中插入分节符的具体步骤如下。

STEP1 打开本实例的原始文件，将光标定位在一级标题"第一部分 概要"的行首。①切换到【布局】选项卡，②单击【页面设置】组中的【分隔符】按钮 ，③在弹出的下拉列表中单击【分节符】列表框中的【下一页】选项。

STEP2 此时在文档中插入了一个分节符，光标之后的内容（即标题"第一部分 概要"之后的内容）自动切换到了下一页。

> ⚠ **注意** 如果看不到分节符，可以切换到【开始】选项卡，然后在【段落】组中单击【显示/隐藏编辑标记】按钮 即可。

● 插入分页符

为了使正文中的每部分的内容都另起一页显示，我们可以在每部分前插入分页符。分页符是一种符号，显示在上一页结束的位置。在Word文档中插入分页符的具体步骤如下。

STEP1 将光标定位在一级标题"第二部分 公司描述"的行首。切换到【布局】选项卡，① 单击【页面设置】组中的【分隔符】按钮 ，② 在弹出的下拉列表中单击【分页符】列表框中的【分页符】选项。

STEP2 此时在文档中插入了一个分页符，光标之后的内容自动切换到了下一页。使用同样的方法，在所有的一级标题前分页。

STEP3 将光标移动到首页，选中文档目录，然后单击鼠标右键，在弹出的快捷菜单中选择【更新域】选项。

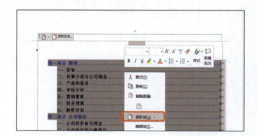

STEP4 弹出【更新目录】对话框，① 单击【只更新页码】单选钮，② 单击 按钮即可更新目录页码。

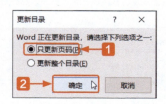

2. 插入页眉

页眉和页脚常用于显示文档的附加信息，在页眉和页脚中既可以插入文本，也可以插入示意图。在Word文档中可以快速插入设置好的页眉和页脚图片，具体的步骤如下。

STEP1 在第2节中第1页的页眉或页脚处双击鼠标左键，此时页眉和页脚处于编辑状态，同时激活【页眉和页脚】选项卡。

STEP2 ❶切换到【页眉和页脚】选项卡，❷在【选项】组中勾选【奇偶页不同】复选框，❸然后在【导航】组中单击【链接到前一节】按钮，将其撤选。

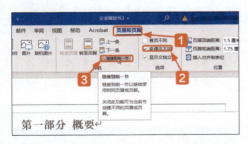

STEP3 在页眉中插入一个无填充、无轮廓的文本框，并输入文字（如输入LOGO）。切换到【开始】选项卡，❶将其字体设置为【微软雅黑】，字号为【小二】，❷单击【字体颜色】按钮 ，❸在弹出的下拉列表中选择【蓝色，个性色5，深色25%】选项。

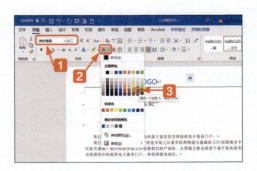

STEP4 设置完毕，将文本框移动到合适位置即可。

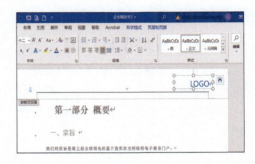

STEP5 使用同样的方法为第2节中的偶数页插入页眉和页脚。在【导航】组中再次单击【链接到前一节】按钮。

STEP6 设置完毕，切换到【页眉和页脚】选项卡，在【关闭】组中单击【关闭页眉和页脚】按钮，可以看到设置后的效果。

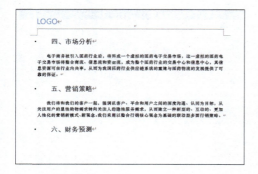

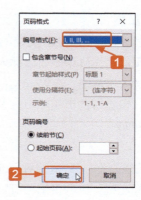

3. 插入页码

为了使Word文档更于浏览和打印,用户可以在页脚处插入并编辑页码。

○ 从首页开始插入页码

默认情况下,Word文档都是从首页开始插入页码的,接下来为目录部分设置罗马数字样式的页码,具体的操作步骤如下。

STEP1 切换到【插入】选项卡,①单击【页眉和页脚】组中的 页码▾ 按钮,② 在弹出的下拉列表中单击【设置页码格式】选项。

STEP2 弹出【页码格式】对话框,①在【编号格式】下拉列表中选择【Ⅰ,Ⅱ,Ⅲ,...】选项,②然后单击 确定 按钮即可。

STEP3 因为设置页眉页脚时选中了【奇偶页不同】选项,所以此处的奇偶页页码也要分别进行设置。将光标定位在第1节中的奇数页中,①单击【页眉和页脚】组中的 页码▾ 按钮,②在弹出的下拉列表中单击【页面底端】→③【普通数字2】选项。

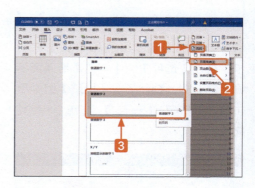

STEP4 此时页眉、页脚处于编辑状态,并在第1节中的奇数页底部插入了罗马数字样式的页码。

STEP5 将光标定位在第1节中的偶数页页脚中,切换到【插入】选项卡,**1**单击【页眉和页脚】组中的 页码 按钮,**2**在弹出的下拉列表中单击【页面底端】→**3**【普通数字2】选项。

STEP6 此时在第1节中的偶数页底部插入了罗马数字样式的页码。设置完毕,在【关闭】组中单击【关闭页眉和页脚】按钮即可。

STEP7 另外,用户还可以对插入的页码进行字体格式设置,第1节中页码的最终效果如图所示。

4. 从第N页开始插入页码

在Word文档中除了可以从首页开始插入页码以外,还可以使用"分节符"功能从指定的第N页开始插入页码。接下来从正文(第4页)开始插入普通阿拉伯数字样式的页码,具体的操作步骤如下。

STEP1 切换到【插入】选项卡,单击【页眉和页脚】组中的 页码 按钮,从弹出的下拉列表中选择【设置页码格式】选项。弹出【页码格式】对话框,**1**在【编号格式】下拉列表中选择【1,2,3,...】选项,**2**在【页码编号】组合框中选中【起始页码】单选钮,右侧的微调框中输入"4",**3**然后单击 确定 按钮。

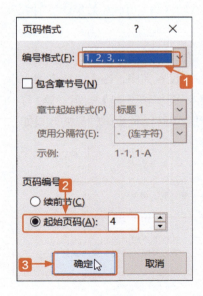

STEP2 将光标定位在第2节中的奇数页中,**1**单击【页眉和页脚】组中的 页码 按钮,**2**在弹出的下拉列表中单击【页面底端】→**3**【普通数字1】选项。

STEP3 此时页眉页脚处于编辑状态，并在第2节中的奇数页底部插入了阿拉伯数字样式的页码。

STEP4 将光标定位在第2节中的偶数页页脚中，切换到【页眉和页脚工具】栏中的【设计】选项卡，在【页眉和页脚】组中单击 页码 按钮，从弹出的下拉列表中选择【页面底端】→【普通数字3】选项，插入页码后效果如下图所示。

STEP5 设置完毕，在【关闭】组中单击【关闭页眉和页脚】按钮。第2节中的页眉和页脚以及页码的最终效果如下图所示。

3.1.5 插入题注和脚注

在编辑文档的过程中，为了使读者便于阅读和理解文档内容，经常在文档中插入题注和脚注，用于对文档的对象进行解释说明。

原始文件\第3章\企业规划书4.docx
最终效果\第3章\企业规划书4.docx

微课扫码看视频

1. 插入题注

题注是指出现在图片下方的一段简短描述。题注是用简短的话语叙述关于该图片的一些重要的信息，例如图片与正文的相关之处。

在插入的图形中添加题注，不仅可以满足排版需要，而且便于读者阅读。插入题注的具体步骤如下。

STEP1 打开本实例的原始文件，选中准备插入题注的图片，切换到【引用】选项卡，单击【题注】组中的【插入题注】按钮。

STEP2 弹出【题注】对话框，在【题注】文本框中自动显示"Figure 1"，1 在【标签】下拉列表中选择【Figure】选项，2 在【位置】下拉列表中自动选择【所选项目下方】选项，3 单击 新建标签(N)... 按钮。

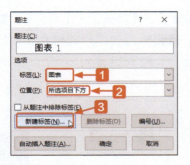

STEP3 弹出【新建标签】对话框，1️⃣在【标签】文本框中输入"图"，2️⃣单击 确定 按钮。

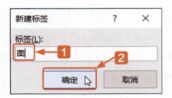

STEP4 返回【题注】对话框，此时在【题注】文本框中自动显示"图 1"，1️⃣在【标签】下拉列表中自动选择【图】选项，2️⃣在【位置】下拉列表中自动选择【所选项目下方】选项，3️⃣然后单击 确定 按钮。

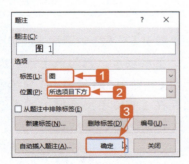

STEP5 返回 Word 文档，此时，在选中图片的下方自动显示题注"图 1"。

2．插入脚注

除了插入题注以外，用户还可以在文档中插入脚注和尾注，对文档中某个内容进行解释、说明或提供参考资料等对象。插入脚注的具体步骤如下。

STEP1 选中要设置段落格式的段落，将光标定位在准备插入脚注的位置，切换到【引用】选项卡，单击【脚注】组中的【插入脚注】按钮。

STEP2 此时，在文档的底部出现一个脚注分隔符，在分隔符下方输入脚注内容即可。

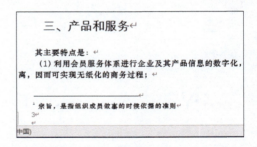

STEP3 将光标移动到插入脚注的标识上，可以查看脚注内容。

3.1.6 设计文档封面

在Word文档中，通过插入图片和文本框，用户可以快速地设计文档封面。

本小节的素材文件如下
素材文件\第3章\图片1.jpg
原始文件\第3章\企业规划书5.docx
最终效果\第3章\企业规划书5.docx

微课 扫码看视频

1. 自定义封面

设计文档封面底图时，用户既可以直接使用系统内置封面，也可以自定义底图。在Word文档中自定义封面底图的具体步骤如下。

STEP1 打开本实例的原始文件，切换到【插入】选项卡，在【页面】组中单击【封面】按钮，从弹出的【内置】下拉列表中选择一种合适的选项。

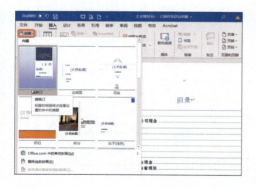

STEP2 如果【内置】列表中没有用户需要的封面，用户可以自己创建文档的封面。插入一个空白页，切换到【插入】选项卡，在【插图】组中单击【图片】按钮。

STEP3 弹出【插入图片】对话框，❶从中选择要插入的图片素材文件"图片1.jpg"，❷单击 插入(S) 按钮。

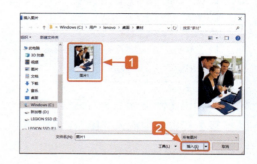

STEP4 返回Word文档，此时文档中插入了一个封面底图。选中该图片，然后单击鼠标右键，在弹出的快捷菜单中单击【大小和位置】选项。

STEP5 弹出【布局】对话框，❶切换到【大小】选项卡，❷勾选【锁定纵横比】和【相对原始图片大小】复选框，❸然后在【高度】组合框中的【绝对值】微调框中输入"29.7厘米"。

STEP6 ①切换到【文字环绕】选项卡，②在【环绕方式】组合框中选择【衬于文字下方】选项。

STEP7 ①切换到【位置】选项卡，②在【水平】组合框中选中【绝对位置】单选钮，在【右侧】下拉列表中选择【页面】选项，在左侧的微调框中输入"0厘米"；③在【垂直】组合框中选中【绝对位置】单选钮，在【下侧】下拉列表中选择【页面】选项，在左侧的微调框中输入"0厘米"，④单击【确定】按钮。

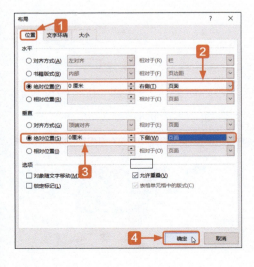

2.巧用形状为封面设置层次

返回Word文档，可以看到图片充满了整个页面，如若再输入文字，会让页面显得混乱。为了突出显示文字部分，可以在图片上插入两个交叉的三角形来突出文字部分。插入形状的具体步骤如下。

STEP1 切换到【插入】选项卡，①在【插图】组中单击【形状】按钮，②在弹出的下拉列表中单击【基本形状】中的【直角三角形】选项。

STEP2 当鼠标指针变为+形状时，将鼠标指针移动到要插入矩形的位置上，按住鼠标左键不放，拖曳鼠标即可绘制一个三角形，绘制完毕，放开鼠标左键即可。

STEP3 选中三角形，①切换到【形状格式】选项卡，②在【形状样式】组中单

击 形状填充 按钮，**3**在弹出的下拉列表中单击【其他填充颜色】选项。

STEP4 弹出【颜色】对话框，**1**切换到【自定义】选项卡，**2**在【颜色模式】下拉列表中选择【RGB】选项，**3**然后通过调整【红色】【绿色】【蓝色】微调框中的数值来选择合适的颜色，**4**单击 确定 按钮。

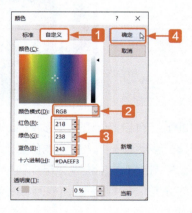

STEP5 **1**在【形状样式】组中单击 形状轮廓 按钮，**2**在弹出的下拉列表中单击【无轮廓】选项。

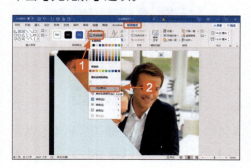

STEP6 选中三角形，单击鼠标右键，在弹出的快捷菜单中单击【其他布局选项】选项。

STEP7 弹出【布局】对话框，**1**切换到【大小】选项卡，**2**在【高度】组合框中的【绝对值】微调框中输入"32.73厘米"，**3**在【宽度】组合框中的【绝对值】微调框中输入"18.57厘米"，**4**在【旋转】组合框中的【旋转】微调框中输入"225°"，**5**单击 确定 按钮。

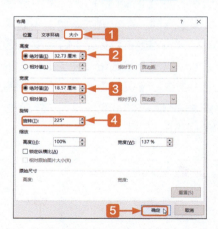

STEP8 返回Word文档，将三角形移动到合适的位置即可。

STEP9 用同样的方法插入一个直角三角形,并将其颜色设置为【白色,背景1】,并设置其大小。

STEP10 选中三角形,①在【排列】组中单击【旋转】按钮,②从弹出的下拉列表中选择【水平翻转】选项。

STEP11 设置完毕后,将三角形与页面【底端对齐】和【右对齐】,然后将三角形设置为【无轮廓】即可。

3. 设计封面文字

在编辑Word文档中经常使用文本框设计封面文字,具体步骤如下。

STEP1 ①切换到【插入】选项卡,②单击【文本】组中的【文本框】按钮,③在弹出的【内置】列表框中单击【简单文本框】选项。

STEP2 此时,文档中插入了一个文本框,在文本框中输入"企业医疗规划书"。

STEP3 选中该文本框,切换到【开始】选项卡,在【字体】组中的【字体】下拉列表中选择【黑体】选项,在【字号】下拉列表中选择【20】选项,单击【加粗】按钮 B 。

STEP4 将文本框设置为无填充、无轮廓后，移动到合适的位置，再插入两个相同的文本框并输入对应的文字（"企业"字体为微软雅黑，字体加粗，字号为小初；"本文档……"这段字的字体为黑体，字号为三号），效果如下图所示。

STEP5 版面上只有文字会略显单调，可以在文字中增加一些线条来修饰页面效果，并设置线条的粗细（这里线条粗细分别为3磅和4.5磅）。

STEP6 设置完右侧版面，为了让页面左右对称，需要设置左侧版面。插入一个无填充、无轮廓的文本框，并输入文本"COMPANY PROFILE 2021"。

STEP7 选中文本，切换到【开始】选项卡，在【字体】组中的【字体】下拉列表中选择【方正正大黑简体】选项，在【字号】下拉列表中选择【小二】，然后单击【加粗】按钮 B 。

STEP8 系统默认的字体颜色通常为黑色，用户可以对其颜色进行调整，选中文字，❶单击【字体】组中的【字体颜色】按钮 A 右侧的下拉按钮，❷在弹出的下拉列表中单击【其他颜色】选项。

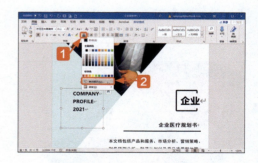

STEP9 弹出【颜色】对话框，❶切换到【自定义】选项卡，❷在【颜色模式】下拉列表中选择【RGB】选项，❸然后通过调整【红色】【绿色】【蓝色】微调框中的数值来选择合适的颜色，❹单击 确定 按钮即可。

第3章 ■ Word高级排版

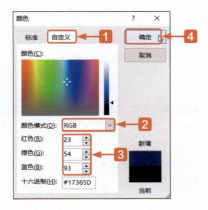

STEP3 弹出【样式】任务窗格，单击【管理样式】按钮。

STEP4 弹出【管理样式】对话框，在对话框中单击 按钮。

秋叶私房菜

技巧1　将样式应用到其他文档

打开一个样式很不错的文档，将已经在一个文档中设置的"样式"应用到另外一个Word文档中，其具体的操作步骤如下。

本技巧的素材文件如下
原始文件\第3章\企业规划书.docx
最终效果\第3章\业务计划.docx
微课 扫码看视频

STEP1 打开本实例的原始文件，切换到【开始】选项卡，在【样式】组中单击【样式】按钮，在弹出的下拉列表可以看到设置好的样式。

STEP2 单击【样式】组右侧的【对话框启动器】按钮 。

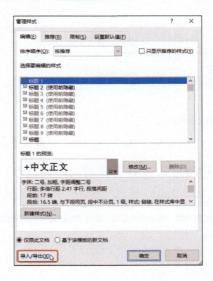

STEP5 弹出【管理器】对话框，单击  按钮，然后单击  按钮。

STEP6 弹出【打开】对话框，❶在对话框中选择以"业务计划"作为样式接收的Word文档，❷单击  按钮。

STEP1 打开本实例的原始文件,将光标定位在文档编辑区"标题2"处,此时【样式】窗格中自动选中的样式为"标题2"。

STEP7 返回【管理器】对话框,①在左侧选择项使用的样式,也可以全选,②然后单击 复制(C)-> 按钮,③再单击 关闭 按钮即可。

STEP2 在【样式】任务窗格中找到"标题1",将鼠标指针移至"标题1"字样上,单击它的下拉按钮,在下拉菜单中单击"更新 标题1 以匹配所选内容"选项即可。

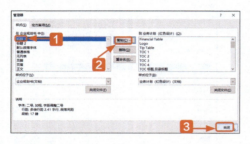

STEP8 打开"业务计划"文档,就可以看到添加的"样式"了。

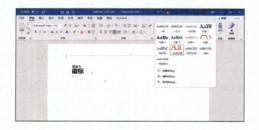

STEP3 在执行更新样式以匹配所选内容的操作时,需要确保该样式的"自动更新"功能未被启用,如下图所示。

技巧2 　更新某种样式以匹配所选内容

在制作文档时可能会遇到这种情形:应用了"标题1"的文本想快速变成"标题2"文本的样子,按下面方法可以实现快速设定。

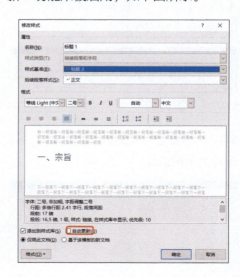

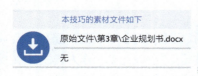

本技巧的素材文件如下
原始文件\第3章\企业规划书.docx
无
微课
扫码看视频

STEP4 返回Word文档,将光标定位于"标题1"即可看到效果。

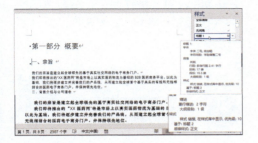

3.2 公司组织结构图

组织结构是指一个组织整体的结构。是在企业管理要求、管控定位、管理模式及业务特征等多因素影响下,在企业内部组织资源、搭建流程、开展业务、落实管理的基本要素。

在Word文档中我们经常需要创建工作流程图、组织结构图等图示,如果通过手动绘制图形来完成,操作起来会很烦琐,这时需要用到Word自带的SmartArt图形。

通过制作组织结构图,读者可以学会设置纸张方向,重点学习插入SmartArt图形、设置形状以及调整图形等操作。

3.2.1 设计结构图标题

在制作结构图之前,首先需要设置公司组织架构图的标题。

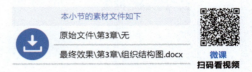

1. 设置纸张

在制作组织结构图之前,我们首先要设置纸张的方向,具体的操作步骤如下。

STEP1 新建一个Word文档,将其命名为"组织结构图",保存到合适的位置。

STEP2 打开文件,❶切换到【布局】选项卡,❷在【页面设置】组中单击【纸张方向】的下拉按钮,❸在弹出的下拉列表中单击【横向】选项,返回文档中即可看到纸张变为横向。

2. 插入标题

设置完纸张方向,可以输入标题内容,并设置其字体格式,具体步骤如下。

STEP1 在Word文档中插入一个横排文本框,并输入标题内容,选中文本,切换到【开始】选项卡,在【字体】组中的【字体】下拉列表中选择【方正兰亭粗黑简体】选项,在【字号】下拉列表中选择【小初】。

STEP2 系统默认的字体颜色通常为黑色，我们可以对其颜色进行调整。选中文字，❶单击【字体】组中的【字体颜色】按钮 右侧的下拉按钮，❷从弹出的下拉列表中选择【黑色，文字1，淡色35%】选项。

STEP3 选中该文本框，切换到【形状格式】选项卡，❶单击【形状样式】组中【形状轮廓】按钮 右侧的下拉按钮，❷在弹出的下拉列表中单击【无轮廓】选项，并将文本框拖曳到合适位置。

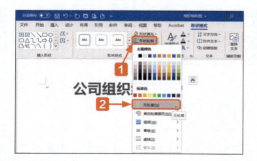

3.2.2 绘制SmartArt图形

如果要展示整个公司组织结构图，常规做法是通过添加形状与文字来完成，这种做法步骤烦琐，涉及形状的对齐和连接线的无隙衔接等操作。这时可以使用Word自带的SmartArt图形，更快速方便。

1．插入SmartArt图形

插入SmartArt图形的操作步骤如下。

STEP1 打开本实例的原始文件，切换到【插入】选项卡，单击【插图】组中的 SmartArt 按钮。

STEP2 弹出【选择SmartArt图形】对话框，❶切换到【层次结构】选项卡，❷在右侧的列表框中选择【组织结构图】，❸单击 确定 按钮。

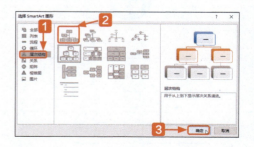

STEP3 返回Word文档，可以看到插入的SmartArt图形。

STEP4 因插入的SmartArt图形与公司要添加的组织结构图有差异,我们可以对插入的图形进行删减与调整,选中多余或位置不合适的图形,按【Delete】键删除。

STEP5 如果还要添加职位,可以通过右键添加形状来实现,选中需要添加的形状,单击鼠标右键,在弹出的快捷菜单中单击【添加形状】→【在下方添加形状】选项。

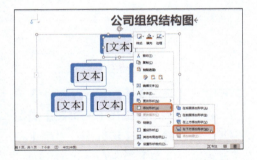

STEP6 使用同样的方法插入其他的职位图形,效果如图所示。

STEP7 在结构图框上单击鼠标左键,输入文本内容。

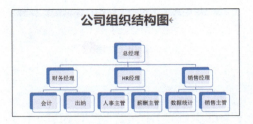

STEP8 一个一个地输入比较麻烦,可以单击左侧的【展开】按钮,弹出【在此处键入文字】任务窗格,然后输入文字即可。

STEP9 返回Word文档,可以看到在SmartArt图形四周有8个控制点,将鼠标指针放在控制点上,鼠标指针呈⇔形状,按住鼠标左键不放,此时鼠标指针呈十形状显示,拖曳鼠标指针即可调整图形的大小。

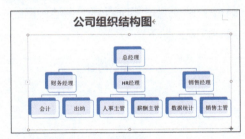

2. 美化SmartArt图形

如果用户对插入的图形不满意,可以对SmartArt图形进行设置更改,具体步骤如下。

STEP1 选中SmartArt图形,**1**切换到【SmartArt设计】选项卡,**2**在【SmartArt样式】组中选择一个合适的样式,这里我们选择【简单填充】选项。

STEP2 如果要为SmartArt图形添加颜色，①在【SmartArt样式】组中单击【更改颜色】按钮，②从弹出的下拉列表中选择合适的选项，这里选择【彩色填充 - 个性色1】选项。

STEP3 设置完毕即可看到组织结构图的最终效果，如下图所示。

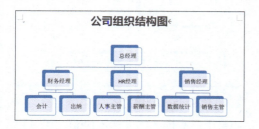

技巧 绘制流程图时使用智能连接

SmartArt流程图列表库中集成了许多现成的样式，这些样式可以供用户选择使用，如果这些样式仍然不能满足用户要求，用户可以自己画流程图。在绘制流程图的过程中，用户可以发现，两个流程框之间有连接线，那么，在拖动相连两个流程框中的一个流程框时，它们之间的连接线如何保持连接状态呢？具体的操作方法如下。

STEP1 打开一个空白文档，①切换到【插入】选项卡，②在【插图】组中单击【形状】按钮，③在下拉菜单中选择【新建绘制画布】选项。

STEP2 在【插图】组中单击【形状】按钮，在下拉菜单中选择【流程图】类型中某个流程框，如【流程图：过程】和【流程图：决策】等。

STEP3 当鼠标指针变为十形状时，按住鼠标左键即可绘制相应图形，并填充其形状颜色与轮廓。

第3章 ● Word高级排版

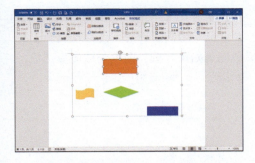

STEP4 用同样的方法在流程图中插入连接线，按照需要选择【线条】中的某种线条，如选择【箭头】。

STEP5 将鼠标指针靠近某个流程框，出现十形状时，在此流程框控制点处开始拖曳鼠标指针至第2个流程框边缘上，当第2个流程框周围也出现小控制点后松开鼠标左键，当连接点处出现红色小圆点即表明已实现智能连接。

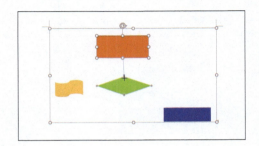

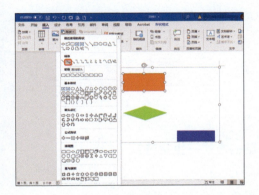

你问我答

Q1：为什么格式总会莫名其妙地"丢失"？

当用户在设置了一种样式后，再对其他的样式进行设置时，前面设置好的样式会突然莫名其妙地"丢失"，丢失样式的段落所使用的样式与当前设置的样式相同。

这可能是Word的样式使用了"自动更新"功能，取消Word文档中的"自动更新"功能的具体步骤如下。

STEP1 打开本实例的原始文件，切换到【开始】选项卡，单击【样式】组右侧的【对话框启动器】按钮。

87

STEP2 弹出【样式】任务窗格，单击【新建样式】按钮。

STEP3 弹出【根据格式化创建新样式】对话框，查看是否勾选【自动更新】复选框。如果勾选，取消勾选该复选框，然后单击 确定 按钮即可。

Q2： 为什么不要使用按【Enter】键的方式产生空行？

在编辑文档的过程中，当需要增加段落与段落之间的距离时，你会使用什么方式呢？按【Enter】键？

当然，按【Enter】键可以加大段落之间的距离，但是如果整个文档有几十页甚至几百页，包含了几百个段落，要按多少次【Enter】键呢？更糟糕的是，当你千辛万苦按完数百个【Enter】键后，领导说"间距太大了，调小一点"，你是不是该哭了？

用【Enter】键来增加空行这样的操作方式很不专业，而且在编辑长文档的过程中，这样做的效率很低。正确的方式应该是通过【段落】对话框来调整，具体的操作步骤如下。

STEP1 打开本实例的原始文件，切换到【开始】选项卡，单击【段落】组右侧的【对话框启动器】按钮 。

STEP2 弹出【段落】对话框，在这里设置合适的行距或段落间距。

要想快速改变段落中行与行之间的距离，可将光标定位到需要设置的段落中，按【Ctrl】+【1】组合键设置成单倍行距，按【Ctrl】+【2】组合键设置成双倍行距，按【Ctrl】+【5】组合键设置成1.5倍行距。

职场拓展

1. 人事培训流程

3.2节学习了组织结构图的制作，在制作组织结构图前，首先要对纸张进行设置，设置完成后，根据需要插入结构图标题以及形状，并配置对应的文字。下面是一个流程图，用户需要在原始文件的基础上插入对应的流程图、输入文本、插入连接线，并对流程图进行美化。

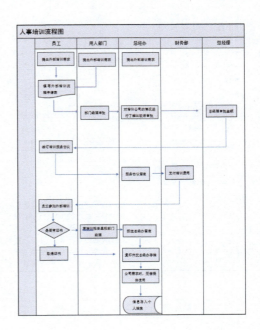

> **思路分析**
>
> 浏览【人事培训流程】文档，可以看到文档共1页。编辑这个文档主要涉及绘制形状、在形状上添加文字、连接形状并美化流程图等内容。
>
> 下面介绍主要制作步骤，更详细的操作，可扫描二维码观看视频。
> ①输入人事培训流程图的基本内容后，首先在对应的列中插入需要的形状，插入形状后在其上方输入文字。
> ②插入连接线连接流程图。
> ③设置完毕后对流程图进行美化。

微课
扫码看视频

2. 怎样让文档清爽有层次？

一份层次分明、条理清晰的文档，不仅能让读者赏心悦目，更能体现作者不俗的编辑功力。如何让文档看起来清爽而有层次？就排版技术而言，注意以下几点就可以明显地改善文档表现效果。

各级标题要与正文加以区分，不能通篇都使用一个样式，尤其是字体、字号、段落间距的区别。用户可以使用Word内置样式集（单击【设计】选项卡，选中【文档格式】组中的某个样式集即可），如下图所示。这样做的目的是将整个文档当成一个整体，进行统一处理，操作简便，速度快捷。如果内置样式不能满足要求，可以在内置样式的基础上再进行如颜色、字体等自定义设置。

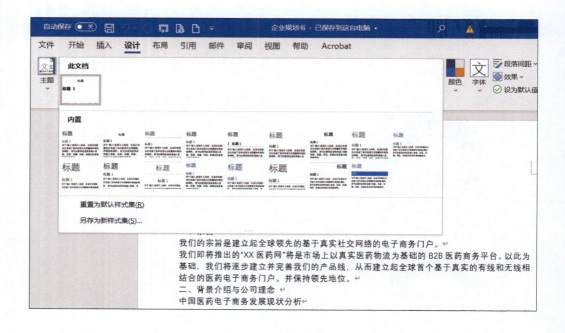

思路分析 在编辑Word文档的时候,应注意以下几点,就可以明显地美化文档。

下面介绍主要制作步骤,更详细的操作,可扫描二维码观看视频。
①在Word文档中调整行距和段落间距。
②设置各级标题样式或大纲级别,避免通篇都使用一种样式。
③使用编号和项目符号,让文档层次更清晰,更有条理;或者使用图或表来替代文字说明。

微课
扫码看视频

3. 怎样将多级列表与标题样式关联?

自动式多级列表和标题样式虽然都有9个级别,但它们却是两个不同的概念。多级列表在编辑长文档时,我们可以将多级列表与各级标题相关联,这样就能生成可以自动产生连续编号的标题。

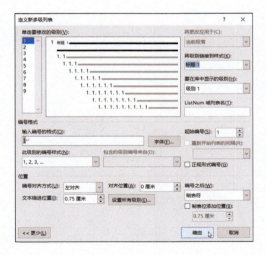

思路分析 用户可以多设置几组不同的多级列表与标题样式关联,存入列表库中,应用时选择自己想要的一组即可,非常方便。

下面介绍主要制作步骤,更详细的操作,可扫描二维码观看视频。
①在【开始】选项卡中单击【定义新的多级列表】。
②在【定义新的多级列表】对话框中选择某个样式,例如"标题1"。
③单击【将级别链接到样式】下拉按钮,选择某个样式如【标题2】,余下级别关联方法依此类推。

微课
扫码看视频

> **提示** 多级列表级别不一定非要和标题样式的级别相对应,例如,在必要时也可以将列表级别"2"与"标题3"关联。

第 2 篇

Excel 办公应用

第 4 章　工作簿与工作表的基本操作
第 5 章　规范与美化工作表
第 6 章　排序、筛选与汇总数据
第 7 章　图表与数据透视表
第 8 章　数据分析与数据可视化
第 9 章　函数与公式的应用

第4章
工作簿与工作表的基本操作

工作簿与工作表的基本操作包括新建、保存以及单元格的简单编辑。

本章配套的教学资源中有相关的素材文件,请读者参见资源中的【本书素材】文件夹。

4.1 来访人员登记表

为了加强公司的安全管理工作,规范外来人员的来访管理,保护公司及员工的生命财产安全,需要制作来访人员登记表记录外来人员信息。来访人员登记表一般包含日期、姓名(访客姓名)、证件号码、联系部门、联系人(访客是来公司找谁的)、事由、经办人等信息。下面通过制作来访人员登记表来具体学习工作簿的基本操作。

4.1.1 工作簿的基本操作

工作簿是指用来存储并处理工作数据的文件,它是一个或多个工作表的集合。工作簿更像一个文件袋,工作表就像放在文件袋中的一个个文件。

本小节的素材文件如下
原始文件\无
最终效果\第4章\来访人员登记表.xlsx

微课
扫码看视频

1. 新建工作簿

用户既可以新建一个空白的工作簿,也可以创建一个基于模板的工作簿。下面来具体学习怎样新建工作簿。

◎ 新建工作簿

方法1: 通常情况下,每次启动Excel 2019后,在Excel开始界面单击【空白工作簿】选项,即可创建一个名为"工作簿1"的空白工作簿。

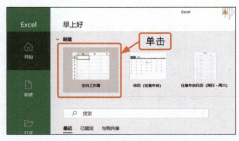

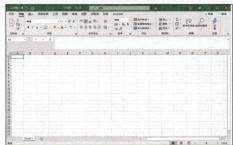

方法2: 在使用Excel的过程中,①单击【文件】按钮,在弹出的界面中单击【新建】选项,系统会打开【新建】界面,②单击【空白工作簿】选项,也可以新建一个空白工作簿。

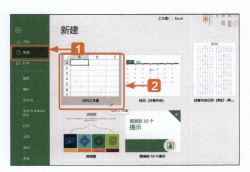

○ 创建基于模板的工作簿

Excel 2019 为用户提供了多种类型的模板样式，可满足用户大多数的要求。打开Excel 2019时，可以看到预算、日历、清单和发票等模板。

用户可以根据需要选择模板样式并创建基于所选模板的工作簿。具体步骤如下。

STEP1 单击【文件】按钮，❶在弹出的界面中单击【新建】选项，系统会打开【新建】界面，然后在列表框中选择一个合适的模板，❷例如单击【个人月度预算】选项。

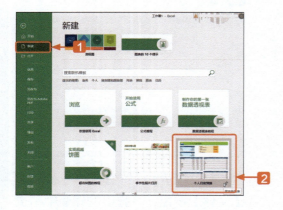

STEP2 系统自动弹出界面介绍此模板，单击【创建】按钮。

STEP3 若此时网络连接通畅，即可下载选择的模板。

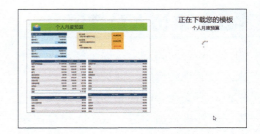

STEP4 下载完毕Excel会自动打开下载的模板，可以看到模板的效果。

2. 保存工作簿

创建工作簿后，在Sheet1工作表的第1行输入表头信息，在A列输入序号。序号的输入方法可以参考4.2.2小节的数据填充的内容。输入内容后，用户可以保存工作簿，以供日后查阅。保存工作簿可以分为保存新建的工作簿、保存已有的工作簿和自动保存工作簿3种情况。

○ 保存新建的工作簿

STEP1 单击【文件】按钮，在弹出的界面中单击【保存】选项。

STEP2 此时为第一次保存工作簿，系统会打开【另存为】界面，在此界面中单击【浏览】选项。

STEP3 弹出【另存为】对话框，❶在左侧的保存位置列表框中选择保存位置，❷在【文件名】文本框中输入文件名"来访人员登记表.xlsx"。

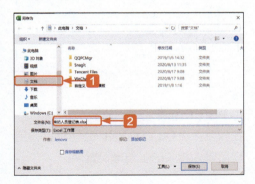

STEP4 设置完毕，单击 保存(S) 按钮即可。

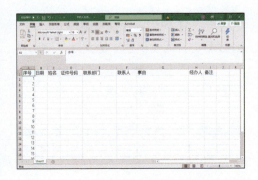

◉ **保存已有的工作簿**

如果用户对已有的工作簿进行了编辑操作，也需要进行保存。对于已存在的工作簿，用户既可以将其保存在原来的位置，也可以将其保存在其他位置。

方法1： 如果用户希望将工作簿保存在原来的位置，方法很简单，直接单击【快速访问工具栏】中的【保存】按钮即可。

方法2： 如果想将工作簿保存为其他名称，单击【文件】按钮，❶在弹出的界面中单击【另存为】选项，弹出【另存为】界面，❷在此界面中单击【浏览】选项。

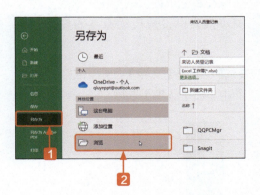

弹出【另存为】对话框，在其中设置工作簿的保存位置和保存名称。例如，将工作簿的名称更改为"新来访人员登记表.xlsx"。

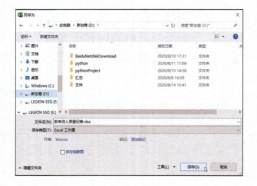

设置完毕，单击 保存(S) 按钮即可。

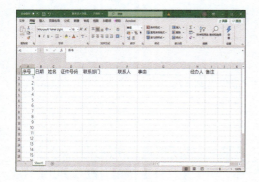

◎ 自动保存工作簿

使用Excel 2019提供的自动保存功能，可以在断电或死机的情况下最大限度地减小损失。设置自动保存的具体步骤如下。

STEP1 单击【文件】按钮，在弹出的界面中单击【选项】选项。

STEP2 弹出【Excel 选项】对话框，**1** 切换到【保存】选项卡，**2** 在【保存工作簿】组合框中的【将文件保存为此格式】下拉列表中选择【Excel工作簿】选项，然后勾选【保存自动恢复信息时间间隔】复选框，并在其右侧的微调框中输入"8"。输入完毕，**3** 单击 确定 按钮即可，以后Excel就会每隔8分钟自动将该工作簿保存一次。

3. 保护工作簿

在日常办公中，为了保护公司机密，用户可以为相关的工作簿设置保护。

用户既可以对工作簿的结构进行密码保护，也可以设置工作簿的打开和修改密码。

◎ 保护工作簿的结构

STEP1 打开本实例的原始文件，**1** 切换到【审阅】选项卡，**2** 单击【保护】组中的【保护工作簿】按钮。

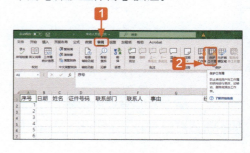

STEP2 弹出【保护结构和窗口】对话框，①勾选【结构】复选框，②然后在【密码】文本框中输入"123"，③单击 确定 按钮。

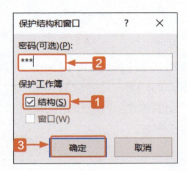

STEP3 弹出【确认密码】对话框，①在【重新输入密码】文本框中输入"123"，②然后单击 确定 按钮即可。

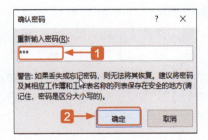

○ 设置工作簿的打开和修改密码

STEP1 单击【文件】按钮，①在弹出的界面中单击【另存为】选项，弹出【另存为】界面，②在此界面中单击【浏览】选项 📁 浏览 。

STEP2 弹出【另存为】对话框，①选择合适的保存位置，②然后单击 工具(L) ▼ 按钮，③在弹出的下拉列表中选择【常规选项】选项。

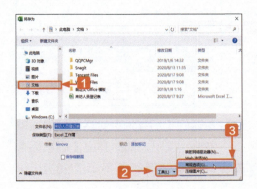

STEP3 弹出【常规选项】对话框，①在【打开权限密码】和【修改权限密码】文本框中均输入"123"，②然后勾选【建议只读】复选框，③单击 确定 按钮。

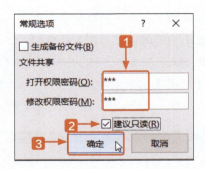

STEP4 弹出【确认密码】对话框，①在【重新输入密码】文本框中输入"123"，②单击 确定 按钮。

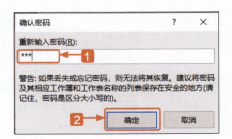

STEP5 弹出【确认密码】对话框，<u>1</u>在【重新输入修改权限密码】文本框中输入"123"，<u>2</u>单击 确定 按钮。

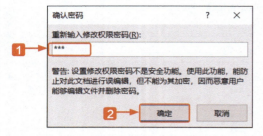

STEP6 返回【另存为】对话框，然后单击 保存(S) 按钮，此时弹出【确认另存为】提示对话框，再单击 是(Y) 按钮即可。

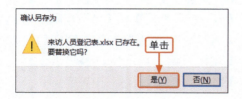

STEP7 当用户再次打开该工作簿时，系统便会自动弹出【密码】对话框，要求用户输入打开文件所需的密码，<u>1</u>这里在【密码】文本框中输入"123"，<u>2</u>单击 确定 按钮。

STEP8 弹出【密码】对话框，要求用户输入修改密码，<u>1</u>在【密码】文本框中输入"123"，<u>2</u>单击 确定 按钮。

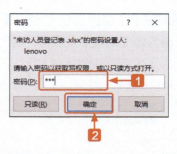

STEP9 弹出【Microsoft Excel】提示对话框，询问用户是否以只读方式打开文件，此时单击 否(N) 按钮即可打开并编辑该工作簿。

◎ 撤销保护工作簿

STEP1 撤销对工作簿结构和窗口的保护。<u>1</u>切换到【审阅】选项卡，<u>2</u>单击【保护】组中的【保护工作簿】按钮，弹出【撤消工作簿保护】对话框，<u>3</u>在【密码】文本框中输入"123"，<u>4</u>然后单击 确定 按钮即可。

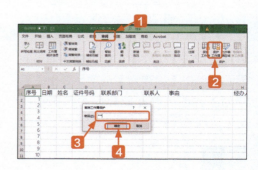

STEP2 撤销对整个工作簿的保护。按照前面介绍的方法打开【另存为】对话框，<u>1</u>从中选择合适的保存位置，<u>2</u>然后单击 工具(L) 按钮，<u>3</u>在弹出的下拉列表中选择【常规选项】选项。

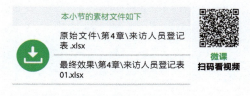

1. 插入或删除工作表

工作表是工作簿的组成部分，默认每个新工作簿中包含1个工作表，命名为"Sheet1"。用户可以根据工作需要插入或删除工作表。

STEP1 打开本实例的原始文件，在"Sheet1"工作表标签上单击鼠标右键，然后在弹出的快捷菜单中单击【插入】选项。

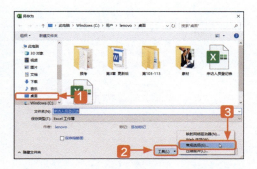

STEP3 弹出【常规选项】对话框，❶删除【打开权限密码】和【修改权限密码】文本框中的密码，❷然后取消【建议只读】复选框的勾选，❸单击 确定 按钮。

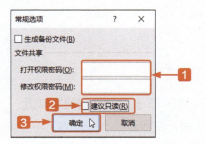

STEP4 返回【另存为】对话框，然后单击 保存(S) 按钮，此时弹出【确认另存为】对话框，再单击 是(Y) 按钮。

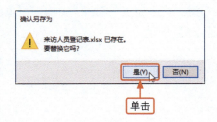

4.1.2 工作表的基本操作

工作表是Excel完成工作的基本单位，用户可以对其进行插入或删除、隐藏或显示、移动或复制、重命名、设置工作表标签颜色以及保护工作表等基本操作。下面以设置"来访人员登记表"为例，具体学习工作表的基本操作。

STEP2 弹出【插入】对话框，❶切换到【常用】选项卡，❷然后单击【工作表】选项。

STEP3 单击 确定 按钮，即可在"Sheet1"工作表的左侧插入一个新的工作表"Sheet2"。

STEP4 用户还可以在工作表列表区的右侧单击【新工作表】按钮 ⊕，在"Sheet2"工作表的右侧插入新的工作表"Sheet3"。

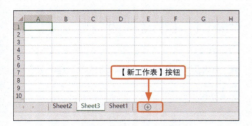

删除工作表的操作非常简单，选中要删除的工作表标签，然后单击鼠标右键，在弹出的快捷菜单中单击【删除】选项即可。

2. 隐藏或显示工作表

为了防止他人查看工作表中的数据，用户可以将工作表隐藏起来，当需要时再将其显示出来。

○ 隐藏工作表

STEP1 选中要隐藏的"Sheet3"工作表标签，然后单击鼠标右键，在弹出的快捷菜单中单击【隐藏】选项。

STEP2 此时工作表"Sheet3"就被隐藏起来了。

○ 显示被隐藏的工作表

当用户想查看某个隐藏的工作表时，首先需要将它显示出来，具体的操作步骤如下。

STEP1 在任意一个工作表标签上单击鼠标右键，在弹出的快捷菜单中单击【取消隐藏】选项。

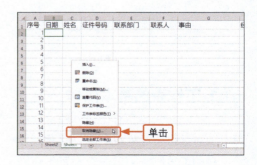

STEP2 弹出【取消隐藏】对话框，在【取消隐藏工作表】列表框中选择要显示的工作表"Sheet3"。

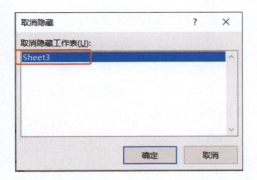

STEP3 选择完毕，单击 确定 按钮，即可将隐藏的工作表"Sheet3"显示出来。

3. 移动或复制工作表

移动或复制工作表是日常办公中常用的操作。用户既可以在同一工作簿中移动或复制工作表，也可以在不同工作簿中移动或复制工作表。

◎ 在同一工作簿中移动或复制

STEP1 打开本实例的原始文件，在"Sheet1"工作表标签上单击鼠标右键，在弹出的快捷菜单中单击【移动或复制】选项。

STEP2 弹出【移动或复制工作表】对话框，默认情况下，在【将选定工作表移至工作簿】下拉列表中选择的是当前工作簿【来访人员登记表.xlsx】选项，在【下列选定工作表之前】列表框中选择【Sheet2】选项，然后勾选【建立副本】复选框。

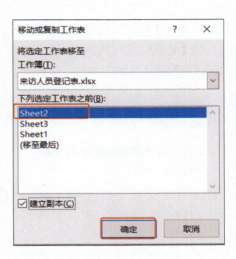

STEP3 单击 确定 按钮，此时"Sheet1"工作表的副本"Sheet1(2)"就被复制到"Sheet2"工作表的左侧了。

◎ 在不同工作簿中移动或复制

STEP1 在"Sheet1（2）"工作表标签上单击鼠标右键，在弹出的快捷菜单中单击【移动或复制】选项。

STEP2 弹出【移动或复制工作表】对话框，在【将选定工作表移至工作簿】下拉列表中选择【（新工作簿）】选项。

STEP3 单击 确定 按钮，此时，"来访人员登记表"工作簿中的"Sheet1(2)"工作表就被移动到了一个新的工作簿"工作簿1"中。

4. 重命名工作表

默认情况下，工作簿中的工作表名称为"Sheet1""Sheet2"等。在日常办公中，用户可以根据实际需要为工作表重新命名。具体的操作步骤如下。

STEP1 在"Sheet1"工作表标签上单击鼠标右键，在弹出的快捷菜单中单击【重命名】选项。

STEP2 此时"Sheet1"工作表标签呈灰色底纹显示，工作表名称处于可编辑状态。

STEP3 输入合适的工作表名称，这里输入"来访人员登记表"，然后按【Enter】键，效果如下图所示。

另外，用户还可以在工作表标签上双击鼠标左键，快速地为工作表重命名。

5. 设置工作表标签颜色

当一个工作簿中有多个工作表时，为了改善观看效果，同时也为了方便对工作表的快速浏览，用户可以将工作表标签设置成不同的颜色。具体的操作步骤如下。

STEP1 在工作表标签"来访人员登记表"上单击鼠标右键，❶在弹出的快捷菜单中单击【工作表标签颜色】选项，❷在弹出的级联菜单中列出了各种标准颜色，从中选择自己喜欢的颜色即可，例如选择【绿色】选项。

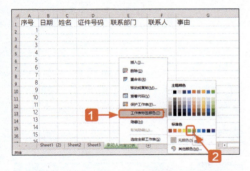

STEP2 此设置效果如下图所示。

STEP3 如果用户对【工作表标签颜色】级联菜单中的颜色不满意，还可以进行自定义操作。❶单击【工作表标签颜色】选项，弹出级联菜单，❷单击【其他颜色】菜单项。

STEP4 弹出【颜色】对话框，❶切换到【自定义】选项卡，❷从颜色面板中选择自己喜欢的颜色或❸通过设置RGB值设置颜色，设置完毕，❹单击 确定 按钮即可。

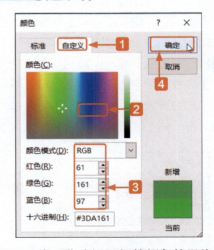

STEP5 为工作表设置标签颜色的最终效果如下图所示。

6. 保护工作表

制作好工作表后，为了防止他人随意更改工作表，用户也可以为工作表设置保护。

STEP1 在"来访人员登记表"工作表中，①切换到【审阅】选项卡，②单击【更改】组中的【保护工作表】按钮。

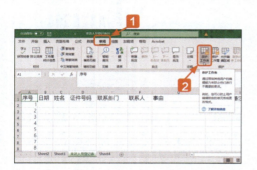

STEP2 弹出【保护工作表】对话框，①勾选【保护工作表及锁定的单元格内容】复选框，②在【取消工作表保护时使用的密码】文本框中输入"123"，③然后在【允许此工作表的所有用户进行】列表框中勾选【选定锁定单元格】和【选定解除锁定的单元格】复选框，④单击 确定 按钮。

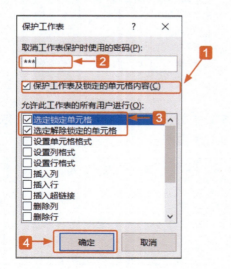

STEP3 弹出【确认密码】对话框，①在【重新输入密码】文本框中输入"123"，设置完毕，②单击 确定 按钮即可。

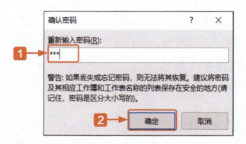

STEP4 如果要修改某个单元格中的内容，则会弹出【Microsoft Excel】提示对话框，直接单击 确定 按钮即可。

○ 撤销工作表的保护

STEP1 在"来访人员登记表"工作表中，①切换到【审阅】选项卡，②单击【更改】组中的【撤销工作表保护】按钮。

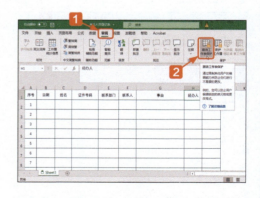

STEP2 弹出【撤销工作表保护】对话框，在【密码】文本框中输入"123"。

第4章 ■ 工作簿与工作表的基本操作

STEP3 单击 确定 按钮即可撤销对工作表的保护，此时【保护】组中的【撤销工作表保护】按钮变成【保护工作表】按钮。

STEP2 插入单元格后，在单元格A1中输入1，然后以序列方式填充到单元格A9并居中显示，效果如下图所示。

STEP3 在单元格A10中输入数字"1.5"，然后以序列方式填充到单元格A18并居中显示，效果如下图所示。

秋叶私房菜

技巧1　隔行插入的绝招

一个Excel表格中有许多数据行，如果用户想在数据行之间间隔插入一个空白行，在数据少的时候可以采用复制插入的方法，但数据量很大的情况下，采用复制插入的方法将数据一条条插入就很麻烦了，这无疑是费时费力的。借助辅助列和排序的方法，可以轻松地解决这个问题。

STEP1 打开本实例的原始文件"区域销售统计表.xlsx"，❶单击A列的列标选中A列，❷切换到【开始】选项卡，❸单击【单元格】组中的【插入】按钮。

STEP4 ❶选中单元格区域A1:C18，❷切换到【数据】选项卡，❸在【排序和筛选】组中单击【排序】按钮。

107

STEP5 弹出【排序】对话框，①在"主要关键字"下拉列表中选择【列A】选项，②单击【确定】按钮。

STEP6 返回Excel工作表，①选中A列，②单击鼠标右键，在弹出的快捷菜单中单击【删除】选项。

STEP7 返回Excel工作表，效果如下图所示。

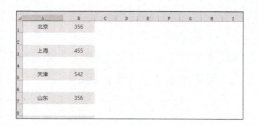

技巧2　输入分数

在Excel表格中输入分数的形式一般是"分子/分母"。用户输入分数后，Excel可根据分子和分母数字的不同情况来进行处理，下面具体介绍在单元格中输入分数的方法。

方法1： 打开一个新建的空白工作簿，如果输入的是带分数，例如输入$4\frac{2}{3}$可以先输入数字"4"，然后按一下空格键，接着输入"2/3"，最后按【Enter】键。此时，在编辑栏中可以看到该分数的小数值，效果如下图所示。

方法2： 如果输入的是假分数，例如输入8/5，可以先输入数字"0"，然后按一下空格键，接着输入"8/5"，最后按【Enter】键。此时，Excel会自动将其转换为带分数，效果如下图所示。

方法3： 如果输入的是分数，例如输入4/9，可以先输入数字"0"，然后按一下空格键，接着输入"4/9"，最后按【Enter】键，此时，Excel会在编辑栏中显示该分数的小数值，单元格中仍然显示分数，效果如图所示。

选择需要输入分数的单元格，然后按【Ctrl】+【1】组合键，打开"设置单元格格式"对话框，在"数字"选项卡的"分类"列表中选择"分数"选项，在右侧的"类型"列表中可以选择输入分数的类型，如下图所示。设置完成后，直接输入分数即可。

4.2 采购信息表

采购部门需要对每次的采购工作进行记录，以便于统计采购的数量和总金额，而且还可以对比各供货商的供货单价，从而决定下一次采购选择的供货商。下面通过"建筑材料采购信息表"来进行详细的介绍。

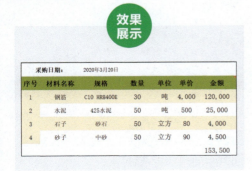

4.2.1 输入数据

创建Excel工作表后，第一步就是向工作表中输入各种数据。工作表中常用的数据类型包括文本型数据、货币型数据、日期型数据等。下面就来学习输入数据的方法。

1. 输入文本型数据

打开本实例的原始文件，选中要输入文本的单元格A1，然后输入"建筑材料采购信息表"的具体内容。

2. 输入常规数字

Excel 2019默认状态下的单元格格式为常规，此时输入的数字没有特定格式。在"数量"和"单价"栏中输入相应的数字，效果如下图所示。

提示 在制作表格的过程中，为了便于数据统计和计算，"数量"和"单价"应该放在不同的列，分别输入，而不能将"数量"和"单价"合并在一列输入。

3. 输入货币型数据

货币型数据用于表示一般货币格式。如果要输入货币型数据，首先要输入常规数字，然后设置单元格格式即可。输入货币型数据的具体步骤如下。

STEP1 在"金额"列中输入相应的常规数，"金额"列中数字的计算方法将在后面的4.2.2小节的"数据计算"中详细讲解。

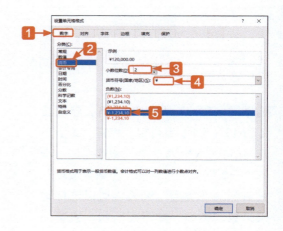

STEP2 选中单元格区域G2:G5，①切换到【开始】选项卡，②单击【数字】组中的【对话框启动器】按钮。

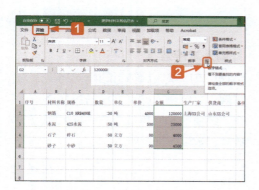

STEP3 弹出【设置单元格格式】对话框，①切换到【数字】选项卡，②在【分类】列表框中选择【货币】选项，③在右侧的【小数位数】微调框中输入"2"，④在【货币符号（国家/地区）】下拉列表中选择【￥】选项，⑤然后在【负数】列表框中选择一种合适的负数形式。

STEP4 设置完毕，单击 确定 按钮即可，效果如下图所示。

4. 输入日期型数据

日期型数据是工作表中经常使用的一种数据类型。在单元格中输入日期的具体步骤如下。

STEP1 在表格中插入一行，然后在单元格A1中输入"采购日期："并设置表格格式。

STEP2 选中单元格C1，输入"2020-3-20"中间用"-"隔开。

STEP3 按【Enter】键，可以看到日期变成"2020/3/20"。

> 💡**提示** 日期变为"2020/3/20"是由于Excel默认的时间格式为"*2012/3/14"。

STEP4 如果用户对日期格式不满意，可以进行自定义。选中单元格C1，切换到【开始】选项卡，单击【数字】组中的【对话框启动器】按钮，弹出【设置单元格格式】对话框，❶切换到【数字】选项卡，❷在【分类】列表框中选择【日期】选项，❸然后在右侧的【类型】列表框中选择【*2012年3月14日】选项。

STEP5 设置完毕，单击 确定 按钮，此时日期变成"2020年3月20日"。

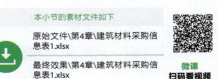

4.2.2 编辑数据

在建筑材料采购信息表中输入完数据后，接下来就可以编辑数据了。编辑数据的操作主要包括填充、查找、替换以及删除等。

> 本小节的素材文件如下
> 原始文件\第4章\建筑材料采购信息表1.xlsx
> 最终效果\第4章\建筑材料采购信息表1.xlsx
> 微课 扫码看视频

1. 填充数据

在Excel表格中填写数据时，经常会遇到一些内容相同，或者结构有规律的数据，例如，1、2、3……星期一、星期二、星期三……用户可以采用填充功能，对这些数据进行快速编辑。

◎ 相同数据的填充

如果用户要在连续的单元格中输入相同的数据，可以直接使用"填充柄"进行快速编辑，具体的操作步骤如下。

STEP1 打开本实例的原始文件，选中单元格H3，将鼠标指针移至该单元格的右下角，此时出现一个填充柄 ✚ 。

STEP2 按住鼠标左键不放，将填充柄 ✚ 向下拖曳到合适的位置，然后释放鼠标左键，此时，选中的区域均填充了与单元格H3相同的数据。

STEP3 使用同样的方法，对其他数据进行填充，如下图所示。

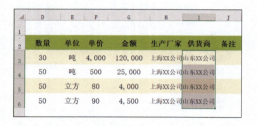

● 不同数据的填充

如果用户要在连续的单元格中输入步长为1的连续数据，可以使用【序列填充】的方法快速填充，具体的操作步骤如下。

STEP1 在单元格A3中输入数字"1"，然后将鼠标指针移至单元格的右下角，当鼠标指针变为十字形状时，按住【Ctrl】键向下拖曳，即可为下面的单元格中填充连续的数值。

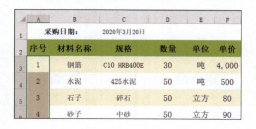

STEP2 当单元格中输入的数据步长值不为1时，用户可以切换到【开始】选项卡，在【编辑】组中 ❶单击【填充】按钮，❷在弹出的下拉列表中选择【序列】选项。

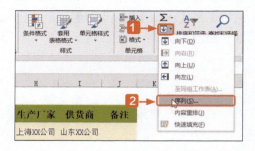

STEP3 打开【序列】对话框，改变步长值，例如，在【步长值】文本框中输入"2"。

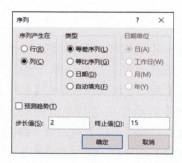

STEP4 单击【确定】按钮，即可看到选中区域已经填充步长为2的数据序列。

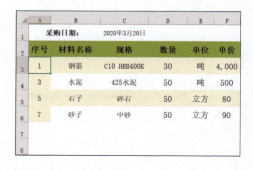

> **提示** 用户不仅可以设置不同步长的数值序列填充，也可以对日期进行序列填充。

2. 查找和替换数据

在采购信息表中使用Excel 2019的查找功能可以找到特定的数据，使用替换功能可以用新数据替换原数据。

○ 查找数据

STEP1 ❶切换到【开始】选项卡，❷单击【编辑】组中的【查找和选择】按钮，❸在弹出的下拉列表中单击【查找】选项。

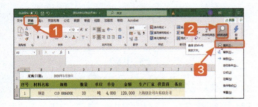

STEP2 弹出【查找和替换】对话框，❶切换到【查找】选项卡，❷在【查找内容】文本框中输入"30"，❸单击 查找全部(I) 按钮。

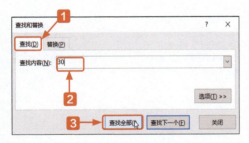

STEP3 此时将光标定位在要查找的内容上，并在对话框中显示了具体的查找结果。查找完毕，单击 关闭 按钮即可。

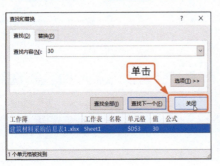

○ 替换数据

STEP1 切换到【开始】选项卡，❶单击【编辑】组中的【查找和选择】按钮，❷在弹出的下拉列表中单击【替换】选项。

STEP2 弹出【查找和替换】对话框，❶切换到【替换】选项卡，❷在【查找内容】文本框中输入"碎石"，在【替换为】文本框中输入"砂石"。

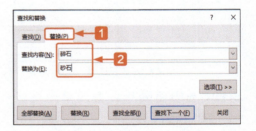

STEP3 单击 查找全部(I) 按钮，此时光标定位在要查找的内容上，并在对话框中显示了具体的查找结果。

STEP4 单击 [全部替换(A)] 按钮，弹出提示对话框，并显示替换结果，单击 [确定] 按钮。

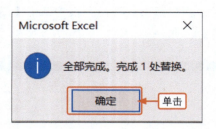

STEP5 返回【查找和替换】对话框，替换完毕，单击 [关闭] 按钮即可，最终效果如下图所示。

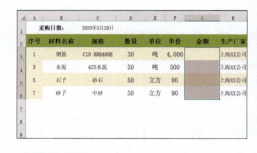

3. 数据计算

编辑表格的过程中，经常会遇到一些数据计算，如求积、求和等。下面以建筑材料采购信息表为例，学习简单的数据计算的方法。

○ 求积

"金额"栏中的数据是"数量×单价"计算得来的，具体的操作步骤如下。

STEP1 选中单元格G3，然后输入"=D3*F3"，输入完毕按【Enter】键。

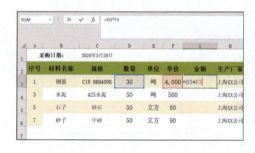

○ 批量删除

STEP1 选中要删除数据的单元格区域，❶切换到【开始】选项卡，❷单击【编辑】组中的【清除】按钮，❸在弹出的下拉列表中单击【清除内容】选项。

STEP2 使用填充柄＋向下拖曳到合适的位置，"金额"栏中的数据就全部计算出来了。

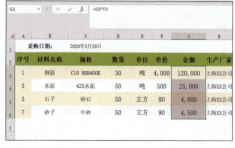

STEP2 此时，选中的单元格区域中的内容就被清除了。

○ 求和

"金额合计"栏中的数据是使用求和函数计算得来的，具体的操作步骤如下。

STEP1 选中单元格G7，❶切换到【开始】选项卡，❷单击【编辑】组中的【求和】按钮。

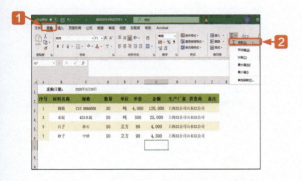

STEP2 此时，单元格G7自动引用求和公式。

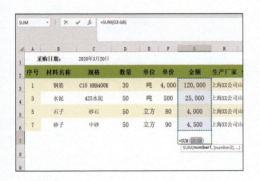

STEP3 确认求和公式无误后，按【Enter】键即可。

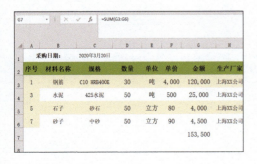

> 💡 **提示** SUM函数的功能是返回某一单元格区域中数字、逻辑值及数字的文本表达式之和。
> 其语法格式：SUM(number1, number2,…)。
> 参数number1, number2,…为1~30个需要求和的参数。

4.2.3 添加批注

为单元格添加批注是指为表格内容添加一些注释。当鼠标指针悬停在带批注的单元格上时，用户可以查看其中的每条批注。

本小节的素材文件如下
原始文件\第4章\建筑材料采购信息表2.xlsx
最终效果\第4章\建筑材料采购信息表2.xlsx
微课 扫码看视频

在Excel 2019工作表中，用户可以通过【审阅】选项卡为单元格插入批注。下面通过建筑材料采购信息表学习插入批注的具体步骤。

STEP1 打开本实例的原始文件，选中单元格G2，❶切换到【审阅】选项卡，❷单击【批注】组中的【新建批注】按钮。

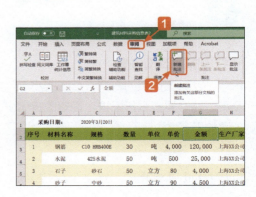

STEP2 此时，在单元格G2的右上角出现一个红色小三角，并弹出一个批注框，在批注框中输入相应的内容。

STEP3 输入完毕，单击批注框外部的工作表区域，即可看到单元格G2中的批注框隐藏起来，只显示右上角的红色小三角。

4.2.4 打印工作表

为了使工作表打印出来更加美观、大方，在打印之前，用户还需要对其进行页面设置。下面通过打印建筑材料采购信息表来具体学习打印工作表的方法。

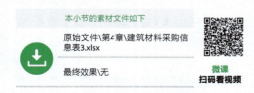

本小节的素材文件如下
原始文件\第4章\建筑材料采购信息表3.xlsx
最终效果\无

微课
扫码看视频

1. 打印前的页面设置

用户可以对工作表的方向、纸张大小以及页边距等要素进行设置。设置的具体步骤如下。

STEP1 打开本实例的原始文件，切换到【页面布局】选项卡，单击【页面设置】组右下角的【对话框启动器】按钮，弹出【页面设置】对话框，**1**切换到【页面】选项卡，**2**在【方向】组合框中选中【横向】单选钮，**3**在【纸张大小】下拉列表中选择纸张大小，例如选择【A4】选项。

STEP2 切换到【页边距】选项卡，从中设置页边距，设置完毕单击 确定 按钮即可。

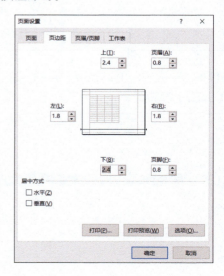

2. 添加页眉和页脚

用户可以根据需要为工作表添加页眉和页脚，既可以直接选用Excel 2019提供的各种样式，还可以进行自定义。

● 自定义页眉

STEP1 使用之前介绍的方法，打开【页面设置】对话框，①切换到【页眉/页脚】选项卡，②单击 自定义页眉(C)... 按钮。

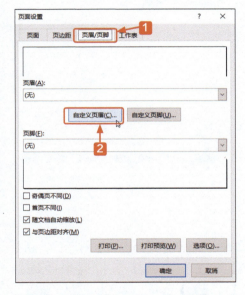

STEP2 弹出【页眉】对话框，①在【左部】文本框中输入"秋叶文化传媒有限公司"，选中输入的文本，②然后单击【格式文本】按钮。

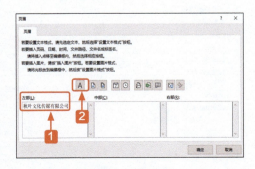

STEP3 弹出【字体】对话框，①在【字体】列表框中选择【华文楷体】选项，

②在【字形】列表框中选择【常规】选项，③在【大小】列表框中选择【11】选项，④单击 确定 按钮。

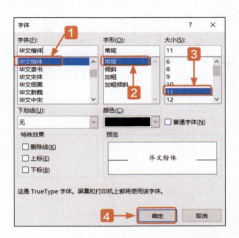

STEP4 返回【页眉】对话框，设置效果如图所示。

STEP5 单击 确定 按钮，返回【页面设置】对话框即可。

○ 插入页脚

为工作表插入页脚的操作非常简单，①切换到【页眉/页脚】选项卡，在【页脚】下拉列表中选择一种合适的样式，例如②选择【建筑材料采购信息表2，第1页】选项，设置完毕③单击 确定 按钮即可。

3. 打印所选区域的内容

用户在打印之前，还需要根据自己的实际需要来设置工作表的打印区域，设置完毕可以通过预览页面查看打印效果。打印设置的具体步骤如下。

STEP1 使用之前介绍的方法，打开【页面设置】对话框，切换到【工作表】选项卡，单击【打印区域】文本框右侧的【折叠】按钮。

STEP2 弹出【页面设置—打印区域】对话框，在工作表中拖曳鼠标指针选中打印区域，选择完毕单击【展开】按钮。

STEP3 返回【页面设置】对话框，①在【批注和注释】下拉列表中选择【（无）】选项，②单击 确定 按钮。

STEP4 若想查看打印效果,可在【页面设置】对话框中单击 打印预览(W) 按钮,打印效果如图所示。

4.打印标题行

STEP1 ①切换到【页面布局】选项卡,②在【页面设置】组中单击【打印标题】按钮。

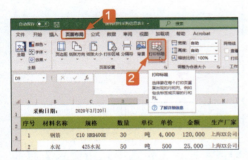

STEP2 弹出【页面设置】对话框,①将光标定位在【顶端标题行】文本框中,然后拖曳鼠标指针选中标题所在的单元格区域。②单击【确定】按钮。

5.将所选内容缩至一页打印

STEP1 ①切换到【页面布局】选项卡,②在【页面设置】组中单击【页面设置】组的【对话框启动器】按钮。

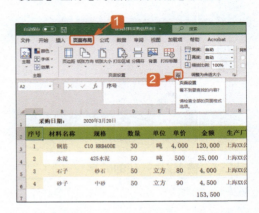

STEP2 弹出【页面设置】对话框,根据当前表格中的内容选择缩放比例,调小比例,并且随时查看打印预览,直到符合要求为止,如果是列数超过一页纸张的宽度,可以设置纸张为横向。

技巧2　绘制斜线表头

在日常办公中，经常会用到斜线表头，斜线表头具体的制作方法如下。

关于本技巧的详细操作步骤，可以扫码观看。

微课
扫码看视频

STEP1 ❶选中单元格A1，调整其大小，❷然后切换到【开始】选项卡，❸单击【对齐方式】组右下角的【对话框启动器】按钮。

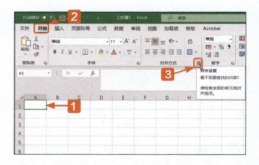

技巧1　输入以0开头的数字

在输入如学号、职工号等以数字0开头的编号时，常常需要以文本格式输入，即在输入的数字前先输入"'"。

关于本技巧的详细操作步骤，可以扫码观看。

微课
扫码看视频

STEP1 选中单元格A1，然后在单元格中输入"'0001"。

STEP2 弹出【设置单元格格式】对话框，❶切换到【对齐】选项卡，❷在【垂直对齐】下拉列表中选择【靠上】选项，❸然后在【文本控制】组合框中勾选【自动换行】复选框。

STEP2 按【Enter】键，此时单元格A1中的数据变为"0001"，并在单元格A1的左上角出现一个绿色三角标识，表示该数字为文本格式。

STEP3 ❶切换到【边框】选项卡，❷在【预置】组合框中单击【外边框】按钮⊞，❸然后在【边框】组合框中单击【右斜线】按钮◺。

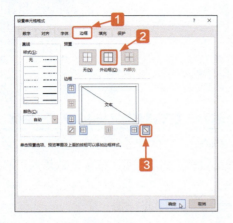

STEP4 单击【确定】按钮，返回Excel工作表，此时在单元格A1中出现了一条斜线，斜线表头绘制完成。

技巧3 选取单元格区域的技巧

选取单元格区域是编辑表格时常用的操作，下面介绍一些选取技巧，可以帮助用户快速而准确地选取目标区域。

○ 选取矩形区域

单击单元格B3，在单击第2个单元格（E6）的同时按【Shift】键，即可选中对应的矩形区域，如下图所示。

○ 选取活动单元格与A1单元格之间的区域

假设光标定位在E6单元格中，按【Ctrl】+【Shift】+【Home】组合键，可以选取A1:E6这部分单元格区域，如下图所示。

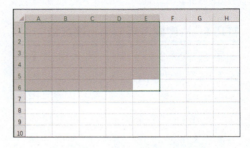

○ 以扩展方式选取数据区域

按【Ctrl】+方向键组合键，可以迅速定位至同行/同列数据区域的末端位置；按【Ctrl】+【Shift】+方向键组合键，可以选中所对应的矩形区域。

○ 选取当前数据区域

单击当前数据区域的任意一个单元格，然后按【Ctrl】+【A】组合键，可以选中当前数据区域。

	A	B	C	D	E	F	G
1	日期	姓名		日期	姓名		
2	2020.2	王珂		2020.2	王珂		
3	2020.2	李丽		2020.2	李丽		
4	2020.2	王伟		2020.2	王伟		
5							
6							
7							
8							
9							
10							

若要选取工作表中的所有单元格，可以直接单击工作区左上方列标行号相交处的【全选】按钮，如图所示。

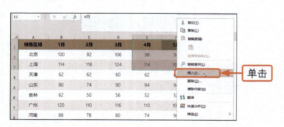

技巧4　快速插入矩形单元格区域

如果选中一个单元格，那么单击【开始】选项卡中的【插入】按钮时只能插入一个单元格。如果选中多个单元格操作，就能插入多个单元格，并且其尺寸与形态和选中的单元格区域完全一致。下面介绍插入矩形单元格区域的技巧。

STEP1 选中单元格区域，如单元格区域E1:G3，然后单击鼠标右键，在弹出的快捷菜单中单击【插入】选项。

STEP2 打开【插入】对话框，①单击【活动单元格右移】单选钮（表示STEP1中选中的单元格区域E1：G3向右侧移动），②单击【确定】按钮，如下图所示。

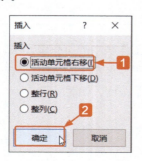

STEP3 关闭对话框，完成单元格的插入，如下图所示。

技巧5　在不相邻单元格中输入同一数据

在制作不合格产品报告的时候，经常会输入多个相同日期，每次单独输入很麻烦。下面我们来学习在不相邻单元格中输入同一日期的方法。

STEP1 按【Ctrl】键，依次选择单元格C2、C4、D7和D8，如下图所示。

STEP2 按【Ctrl】+【;】组合键，D8单元格中即可输入当前电脑系统中的日期，如下图所示。此时不要按任何键，继续下一步的操作。

STEP3 按【Ctrl】+【Enter】组合键，结束输入，可以看到在C2、C4、D7和D8这4个单元格中都输入了相同的日期，如下图所示。

技巧6　快速插入多行或多列

在Excel表格中，用户有时会需要一次性插入很多行或者很多列，如果一行行或者一列列地插入，实在麻烦。下面就来介绍一种快速插入多行或多列的方法。

例如，我们要在第1行下面插入5行，A列左侧插入4列。

STEP1 插入多行。选中第2~6行（因为要插入5行，所以这里选中5行，也就是说要插入几行，就先选中几行），单击鼠标右键，在弹出的快捷菜单中单击【插入】选项。

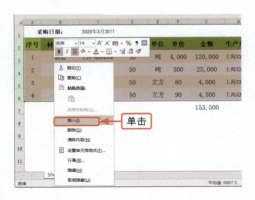

STEP2 可以看到在表格第1行的下面插入5个空白行，效果如右上图所示。

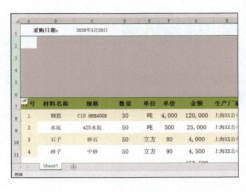

STEP3 插入多列。选中A~D列，单击鼠标右键，在弹出的快捷菜单中单击【插入】选项。

STEP4 可以看到在A列左侧插入4个空白列，效果如下图所示。

职场拓展

制作一份日销售表

日销售表可作为将来拟定推销计划的基础，它是管理销售人员的销售工作的有效方式。那么怎样才能制作出一份好的日销售表呢？下面我们通过制作超市的日销售表来具体学习一下。

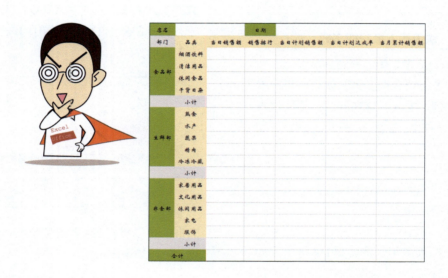

思路分析 通过不同部门的销售数据对比来观察哪些商品好销售，可以增加进货量。对于销售量低的商品，可以适当地安排一些促销活动。日销售表的格式设置主要包括调整表格间距、设置表格填充颜色及设置字体等。

下面介绍主要的制作步骤，更详细的操作，可扫描二维码观看视频。

微课
扫码看视频

①输入超市日销售表的内容后，首先要对各级标题的字体、字号及行高、列宽进行设置。

②在设置单元格的填充颜色时，首先要利用【Ctrl】键，选中填充相同颜色的多个单元格，然后设置填充颜色。

第5章
规范与美化工作表

除了对工作簿和工作表进行基本操作之外，还可以对工作表进行各种美化操作。美化工作表的操作主要包括添加底纹、应用样式和主题等。

本章配套的教学资源中有相关的素材文件，请读者参见资源中的【本书素材】文件夹。

5.1 员工信息表

员工信息是公司内部的重要资料，对员工信息进行规范化管理不仅能够减轻人力资源部的工作负担，而且便于他人使用和调阅。

在录入表格数据时，可以借助一些Excel的功能、技巧提高数据输入的速度与准确率，例如通过"数据验证"功能，提前限定"部门"列、"学历"列可以输入的数据有哪些，这样不仅可以提高工作效率，而且表格的数据会更规范。

本小节的素材文件如下
原始文件\第5章\员工信息表.xlsx
最终效果\第5章\员工信息表.xlsx

微课
扫码看视频

1. 填充输入员工编号

STEP1 打开本实例的原始文件，在工作表中输入相应的文本。

STEP2 在单元格A2中输入编号，然后将鼠标指针移动到单元格的右下角，当鼠标指针变为 ＋ 字形状时向下拖曳即可填充。

信息完整的员工信息表

"部门"列的信息通过下拉列表选择

5.1.1 创建员工信息表

员工信息表中的内容主要包括编号、姓名、性别、身份证号、学历、入职时间、所属部门以及联系电话等。下面通过创建"员工信息表"来具体学习。

STEP3 填充后的效果如下图所示。

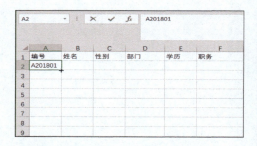

STEP4 在"姓名"列中输入员工的姓名，效果如下页图所示。

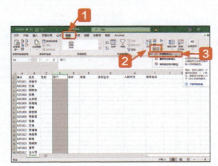

2. 通过数据验证规范"部门"列和"学历"列的数据

STEP1 选中"部门"列，即D列，**1**切换到【数据】选项卡，**2**在【数据工具】组中**3**单击【数据验证】按钮。

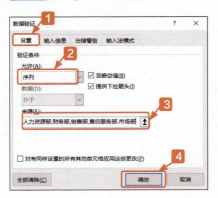

STEP2 弹出【数据验证】对话框，**1**切换到【设置】选项卡，**2**在【允许】下拉列表中选择【序列】选项，**3**在【来源】文本框中输入"人力资源部,财务部,销售部,售后服务部,市场部"，**4**单击 确定 按钮，如下图所示。

STEP3 返回Excel工作表，可以看到"部门"右侧多了一个下拉按钮。选中单元格D2，单击下拉按钮，在下拉列表中选择"人力资源部"选项。

STEP4 使用同样的方法，将其他单元格都填充完毕，效果如下图所示。

STEP5 选中"学历"列，即E列，打开【数据验证】对话框，**1**在【允许】下拉列表中选择【序列】选项，**2**在"验证条件"的来源文本框中输入"中专,大专,本科,硕士"，**3**单击【确定】按钮，如下图所示。

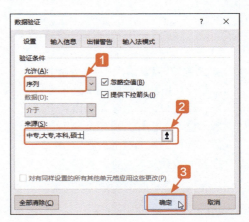

STEP6 返回Excel工作表，在单元格E2下拉列表中选择合适的学历即可，效果如下图所示。

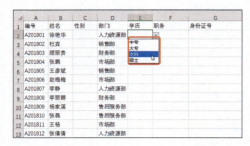

STEP7 使用同样的方法将其他单元格都填充完毕，填充后的效果如下图所示。

STEP8 在表格中输入其他信息，效果如下图所示。

> ⚠️ **注意** 在默认情况下，Excel中每个单元格所能显示的数字最多为11位，超过11位，数字就会以科学计数法显示。当输入身份证号码的时候，我们要取消数据的数字属性，把它们改成文本属性，就能完整显示身份证号，而不是数字。

3. 使用公式填充性别

为了防止工作人员误输入员工"性别"信息，可以利用函数公式快速从身份证号码中提取出员工性别。

STEP1 选中单元格C2，然后输入公式"=IF(MOD(MID(G2,17,1),2)=0,"女","男")"，输入完毕，按【Enter】键。该公式表示利用MID函数从身份证号码中提出第17位数字，然后利用MOD函数判断该数字能否被2整除，如果被2整除，则返回性别"女"，否则返回性别"男"，效果如下图所示。

STEP2 使用自动填充功能将此公式向下填充。

> 💡 **提示** ①MID函数的讲解请参见9.3.1小节。②身份证号码的第17位数字表示性别，第17位数字如果为奇数，则表示"男"，为偶数则表示"女"。

4. 提取出生日期

STEP1 在"身份证号"列左侧插入一列，例如G列，并在单元格G1中输入"出生日期"。

STEP2 选中单元格G2，然后输入公式"=CONCATENATE(MID(H2,7,4),"-",MID(H2,11,2),"-",MID(H2,13,2))"。该公式表示利用MID函数从单元格身份证号码中分别提取年、月、日，然后利用CONCATENATE函数将年、月、日用短横线"-"连接起来。

STEP3 使用自动填充功能将此公式向下填充。

5.1.2 编辑员工信息表

员工的信息输入完毕后，可以发现单元格的列宽及行高都比较小，表格内的信息比较拥挤，表格中的内容的字号相同，不利于查找和查看数据。下面具体学习编辑员工信息表的方法。

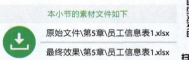
本小节的素材文件如下
原始文件\第5章\员工信息表1.xlsx
最终效果\第5章\员工信息表1.xlsx

微课 扫码看视频

1. 调整行高和列宽

为了使工作表看起来更加美观，用户可以调整行高和列宽，具体步骤如下。

STEP1 将鼠标指针放在要调整行高的行标记的分隔线上，此时鼠标指针变成 ✥ 形状。

STEP2 按住鼠标左键，此时可以拖曳鼠标指针调整行高，并在上方显示高度值，拖曳到合适的行高即可释放鼠标左键。

STEP3 用户也可以选中第2~21行，单击鼠标右键，在弹出的快捷菜单中单击【行高】选项。

STEP4 弹出【行高】对话框，❶输入合适的行高值，例如"26"，❷单击 确定 按钮。

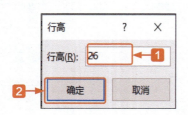

STEP5 返回Excel工作表，可以看到调整后的效果，如下图所示。

STEP6 使用同样的方法可以调整列宽，效果如下图所示。

STEP7 选中整个单元格区域，单击【对齐方式】组中的【居中】按钮，设置单元格中的数据为居中对齐。

STEP8 设置完毕，效果如下图所示。

2. 设置字体格式

在编辑工作表的过程中，用户可以通过设置字体格式的方式突出显示某些单元格。设置字体格式的具体步骤如下。

第5章 ■ 规范与美化工作表

STEP1 打开本实例的原始文件,选中单元格A1,切换到【开始】选项卡,单击【字体】组中的【对话框启动器】按钮,弹出【设置单元格格式】对话框,❶切换到【字体】选项卡,❷在【字体】下拉列表中选择【微软雅黑】选项,❸在【字形】下拉列表中选择【加粗】选项,❹在【字号】下拉列表中选择【12】选项。

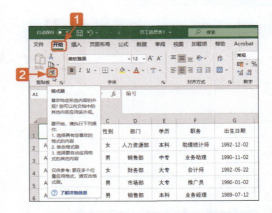

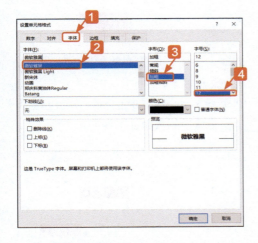

STEP2 单击 按钮,返回Excel工作表,效果如下图所示。

STEP3 选中A1单元格,❶切换到【开始】选项卡,❷在【剪贴板】组中单击【格式刷】按钮。

STEP4 当鼠标指针变为刷子形状时,选中单元格区域B1:J1即可将格式刷新。

技巧1 快速比较不同区域的数值

在Excel中有时需要进行大量数据的比较工作。当数据量较大时,人工比较既费时费力又很难保证准确率。下面介绍使用公式快速比较不同区域的数值的方法。本例将D列数据同A数据进行对比,并将D列中与A列中不相同的数据加底纹显示。用同样的方法对比E列和B列中的数据。

STEP1 打开原始文件,选中需要核对的数据,例如选中D2:D10单元格区域,❶单击【样式】组中的【条件格式】按钮,❷在弹出的下拉列表选择【突出显示单元格规则】→❸【其他规则】选项。

131

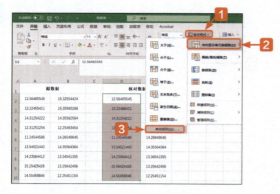

STEP2 弹出【新建格式规则】对话框，在【选择规则类型】组中，❶选择【只为包含以下内容的单元格设置格式】，❷将规则设置为"单元格值"❸ "不等于"❹A2，❺单击【格式】按钮。

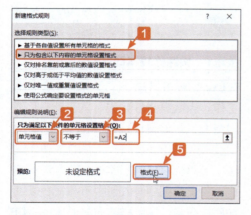

STEP3 弹出【设置单元格格式】对话框，❶切换到【填充】选项卡，在【背景色】中❷选择【红色】选项。

STEP4 单击【确定】按钮，返回工作表，可以看到设置效果：D列中与A列中数据不同的单元格被添加红色底纹突出显示了。

STEP5 使用同样的方法，让E列数据与B列数据对比，E列中与B列中数据不同的单元格也被添加红色底纹突出显示了，设置后的效果如下图所示。

技巧2　不规范数据的整理技巧

有时Excel表格中的数据是比较混乱的，必须对这些不规范的数据进行规范化处理才能进行下一步的分析。例如在下图中，日期、销售区域、销售数量放在了一列，这是不规范的数据，需要将这3部分数据拆分开。

关于本技巧的详细操作步骤，可以扫码观看。

微课
扫码看视频

第5章 规范与美化工作表

STEP1 先将数据规范化，利用查找和替换功能把不规范的区域："辽宁"替换为"辽宁省"，"山东"替换为"山东省"，"北京"替换为"北京市"。

STEP3 把得到的3列数据规范化。先把标题修改正确。再利用【格式刷】功能，把【销售区域】和【数量】刷成和【日期】一样的条纹式显示方式。

5.2 美化表格

STEP2 利用【数据】→【分列】功能把一列分为三列。在分列向导中，要选择【固定宽度】，并正确设置分列线的位置。

Excel工作表中的数据量往往比较大，为了便于查找和查看，美化表格可以使表格中的数据更加清晰，内容更易于阅读。下面通过美化"员工信息表"来具体讲解。

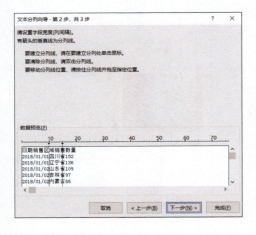

编号	姓名	性别	部门	学历	职务	出生日期
A201801	徐艳华	女	人力资源部	本科	助理统计师	1992-12-02
A201802	杜宾	男	销售部	中专	业务助理	1990-11-02
A201803	顾丽贵	女	财务部	大专	会计师	1992-05-22
A201804	张鹏	男	市场部	大专	推广员	1990-01-02
A201805	王彦斌	男	销售部	本科	业务经理	1989-07-12
A201806	赵梅梅	女	市场部	本科	策划员	1991-10-06
A201807	李静	女	人力资源部	本科	总监	1991-06-04
A201808	李丽娜	女	财务部	大专	总账会计	1989-11-02
A201809	杨家溪	男	售后服务部	中专	维修师	1992-03-27

133

5.2.1 添加表格底纹

在美化表格过程中，可以给表格添加底纹，这样可以使表格信息更加清晰、醒目。

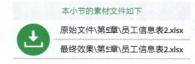

本小节的素材文件如下
原始文件\第5章\员工信息表2.xlsx
最终效果\第5章\员工信息表2.xlsx

微课
扫码看视频

STEP1 选中要填充底纹的单元格区域A1:J1，①单击【字体】组中的【填充颜色】按钮右侧的下拉按钮，弹出的【颜色】下拉列表中显示了各种背景颜色，②从中选择合适的颜色即可。

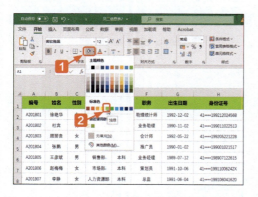

STEP2 如果在【颜色】下拉列表中没有自己喜欢的颜色，可以自己设置颜色、方法如下。①单击【字体】组中的【填充颜色】按钮右侧的下拉按钮，②在弹出的【颜色】下拉列表中选择【其他颜色】选项。

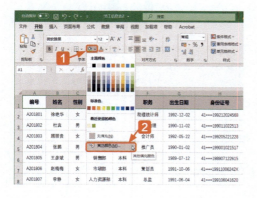

STEP3 弹出【颜色】对话框，①切换到【自定义】选项卡，②在【颜色模式】中选择【RGB】选项，在红色微调框中输入"142"，绿色微调框中输入"172"，蓝色微调框中输入"74"。

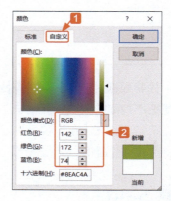

STEP4 单击【确定】按钮，返回Excel工作表，可以看到填充底纹的效果。

STEP5 使用同样的方法，选中单元格区域A2:J2，打开【颜色】对话框，输入合适的数值，如下图所示。

STEP6 选中单元格区域A2:J3，然后将鼠标指针移至J3单元格的右下角，当鼠标指针变为黑色十字形状时，向下拖曳鼠标即可完成底纹填充，最终效果如下图所示。

5.2.2 应用样式和主题

在美化表格过程中，用户还可以使用单元格样式快速设置单元格格式，下面通过设置"费用明细表"的样式和主题来具体学习。

本小节的素材文件如下
原始文件\第5章\费用明细表.xlsx
最终效果\第5章\费用明细表.xlsx
微课 扫码看视频

1. 套用单元格样式

STEP1 打开本实例的原始文件，选中单元格区域A1:H1，切换到【开始】选项卡，单击【样式】组中的按钮。

STEP2 在弹出的下拉列表中选择一种样式，如选择【标题1】选项。

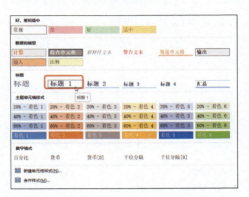

STEP3 应用样式后的效果如下图所示。

2. 自定义单元格样式

STEP1 切换到【开始】选项卡，单击【样式】组中的 单元格样式 按钮，在弹出的下拉列表中选择【新建单元格样式】选项。

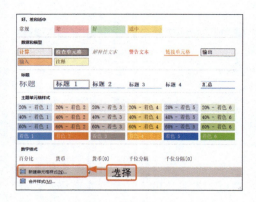

STEP2 弹出【样式】对话框，在【样式名】文本框中自动显示"新样式1"，用户可以根据需要重新设置样式名，单击 格式(O)... 按钮。

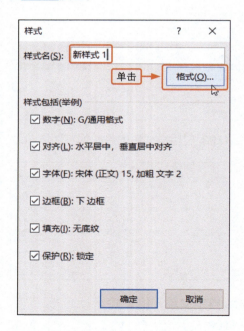

STEP3 弹出【设置单元格格式】对话框，①切换到【字体】选项卡，②在【字体】下拉列表中选择【微软雅黑】选项，③在【字形】下拉列表中选择【加粗】选项，④在【字号】下拉列表中选择【14】选项，⑤在【颜色】下拉列表中选择【黑色】选项，⑥单击 确定 按钮。

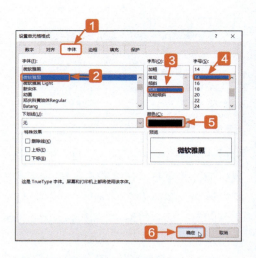

STEP4 返回【样式】对话框，设置完毕，再次单击 确定 按钮，此时，新创建的样式"新样式1"就保存在内置样式中。

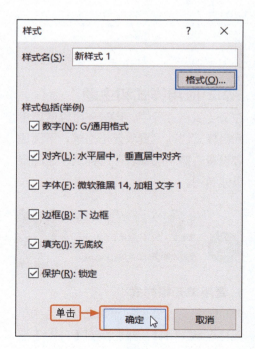

STEP5 选中单元格区域A1:H1，切换到【开始】选项卡，单击【样式】组中的【单元格样式】按钮，在弹出的下拉列表中选择【新样式1】选项。

第5章 ● 规范与美化工作表

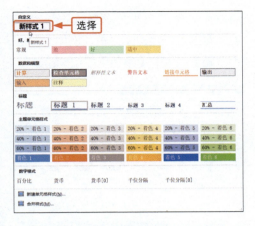

STEP6 应用样式后的效果如下图所示。

3. 套用表格格式

通过套用表格格式可以快速设置一组单元格的格式，并将其转化为表格，具体的操作步骤如下。

STEP1 选中单元格区域A1:H21，①切换到【开始】选项卡，②单击【样式】组中的 套用表格格式 按钮。

STEP2 在弹出的下拉列表中选择【白色，表样式浅色18】选项。

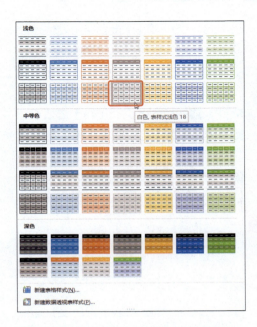

STEP3 弹出【套用表格式】对话框，在【表数据的来源】文本框中显示公式"=$A$1:$H$21"，然后勾选【表包含标题】复选框。

STEP4 单击 确定 按钮，应用样式后的效果如下图所示。

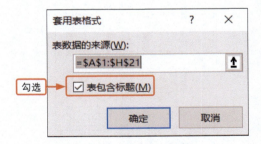

4. 设置表格主题

Excel 2019为用户提供了多种风格的表

137

格主题，用户可以直接套用主题快速改变表格风格，也可以自定义主题颜色、字体和效果。

STEP1 ❶切换到【页面布局】选项卡，❷单击【主题】组中的【主题】按钮。

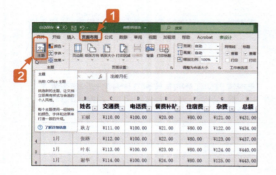

STEP2 在弹出的下拉列表中选择【花纹】选项。

STEP3 应用主题后的效果如下图所示。

STEP4 如果用户对主题样式不是很满意，可以进行自定义设置。例如，单击【主题】组中的【颜色】按钮。

STEP5 在弹出的下拉列表中选择【灰度】选项。

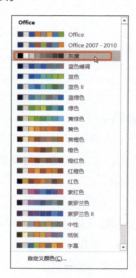

STEP6 使用同样的方法，单击【主题】组中的【效果】按钮，在弹出的下拉列表中选择【细微固体】选项。

STEP7 设置自定义主题后的效果如下图所示。

秋叶私房菜

技巧1 标记重复值

用Excel进行重复数据筛选标记，人工处理起来费时费力，即便通过排序将重复数据放在一起也容易出现疏漏。其实Excel软件本身是有标记重复值这个功能的，下面来介绍如何使用标记重复值的功能。

STEP1 选中A列单元格区域，❶切换到【开始】选项卡，❷在【样式】组中单击【条件格式】按钮，❸在下拉列表中选择【突出显示单元格规则】→❹【重复值】选项。

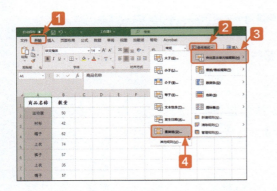

STEP2 弹出【重复值】对话框，在【为包含以下类型值的单元格设置格式】中

单击【设置为】下拉按钮，在下拉列表中选择【绿填充色深绿色文本】选项。

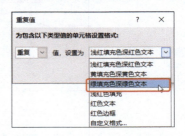

STEP3 单击 确定 按钮，返回Excel工作表，可以看到设置效果。

技巧2 将不同范围的数值用不同颜色加以区分

我们在工作中，经常遇到需要区分各种数据的类型或者数据的大小等情况，这时可以在表格中填充颜色来区分。下面就来介绍在Excel中将不同范围的数值用不同颜色加以区分的方法。

本技巧的素材文件如下
原始文件\第5章\学生成绩表.xlsx
最终效果\第5章\学生成绩表.xlsx

微课 扫码看视频

STEP1 选中数据区域I2:I21，❶切换到【开始】选项卡，在【样式】组中❷单击【条件格式】右侧的下拉按钮，❸在弹出的下拉列表中选择【突出显示单元格规则】→❹【小于】选项。

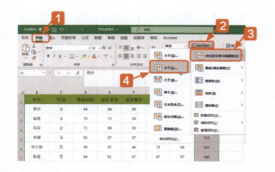

STEP4 再次打开【大于】对话框，①在【为大于以下值的单元格设置格式】下方的条件框中输入"390"，②在【设置为】下拉列表中选择【绿填充色深绿色文本】选项，③单击【确定】按钮。

STEP2 弹出【小于】对话框，①在【为小于以下值的单元格设置格式】下方的条件框中输入"350"，②在【设置为】下拉列表中选择【浅红填充色深红色文本】选项，③单击【确定】按钮。

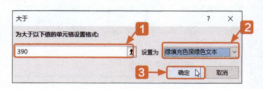

STEP5 返回Excel工作表，可以看到为不同范围的数值添加的不同颜色，效果如图所示。

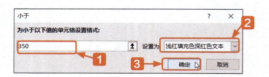

STEP3 打开【介于】对话框，①在【为介于以下值之间的单元格设置格式】下方的条件框中输入350到390，②在【设置为】下拉列表中选择【黄填充色深黄色文本】选项，③单击【确定】按钮。

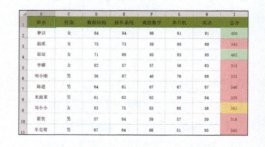

你问我答

Q: 职场中常用的表格修饰方法有哪些？

如何让Excel表格清晰易读？一个简单办法就是设置行列变色。当然设置的方法很多，下面通过实例给大家工作中常用的表格修饰方法。

STEP1 设置行高。全选表格，单击鼠标右键，在弹出的快捷菜单中单击【行高】选项。

STEP2 弹出【行高】对话框，在【行高】文本框中输入"18"，然后单击【确定】按钮。

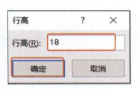

STEP3 调整后的效果如下图所示。

STEP4 选中表格第一行，设置字体格式为【微软雅黑】，字号为【12】，设置为【加粗】效果，如下图所示。

STEP5 设置其他字体格式为【微软雅黑】，字号为【12】，如下图所示。

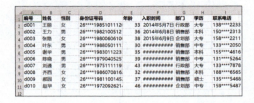

STEP6 添加底纹颜色，首先为标题行添加底纹。选中表格第一行，❶切换到【开始】选项卡，❷在【字体】组中单击【填充颜色】选项右侧的下拉按钮，❸在弹出的下拉列表中单击【其他颜色】选项。

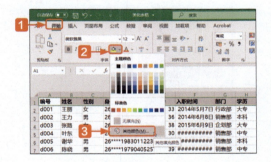

STEP7 弹出【颜色】对话框，❶切换到【自定义】选项卡，❷在【颜色模式】中选择【RGB】选项，❸在【红色】【绿色】【蓝色】微调框中分别输入"142""172""74"，❹单击【确定】按钮即可为标题行添加绿色底纹。

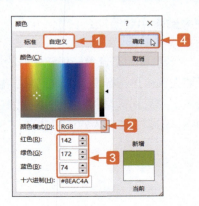

STEP8 选中表格的第3行，使用上面的方法打开【颜色】对话框，❶切换到【自定义】选项卡，❷在【颜色模式】中选择【RGB】选项，❸在【红色】【绿色】【蓝色】微调框中分别输入"243""239""236"，❹单击【确定】按钮。选中单元格区域A2:I3，将鼠标指针移至单元格I3的右下角，当指针变成黑色十字形状时，向下拖曳鼠标，即可为下方的单元格区域隔行填充灰色底纹。

STEP9 取消网格线。选中整个表格，切换到【页面布局】选项卡，在【工作表选项】组中撤选网格线的【查看】选项。

STEP10 取消网格线后的效果如图所示。

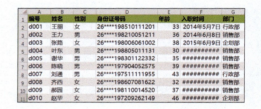

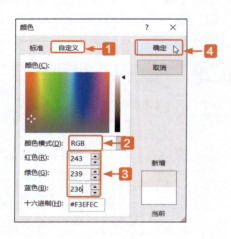

职场拓展

在考勤表中突显加班日期

公司HR为了查看员工双休日的加班情况，以便计发加班工资，需要对双休日加班的行填充底纹进行标识。加班判断标准为：以B1单元格数字为年份数，D1单元格数字为月份数，单元格区域B3:B32的数字为"日期"，若该"日期"为双休日且"工作简况"不为空，即判定该日为双休日加班，可按规定计发员工加班工资。

第5章 ■ 规范与美化工作表

	A	B	C	D	E	F
1	XX	2020	年	9	月	员工日志
2	星期	日期	上班时间	下班时间	加点时间	工作简况
3	周二	2020/9/1	8:00	17:20		日常工作
4	周三	2020/9/2	8:00	17:20		日常工作
5	周四	2020/9/3	8:00	17:20		日常工作
6	周五	2020/9/4	8:00	17:20		日常工作
7	周六	2020/9/5	8:00	17:20		日常工作
8	周日	2020/9/6	8:00	17:20		
9	周一	2020/9/7	8:00	17:20		日常工作
10	周二	2020/9/8	8:00	17:20		日常工作
11	周三	2020/9/9	8:00	17:20		日常工作
12	周四	2020/9/10	8:00	17:20		日常工作
13	周五	2020/9/11	8:00	17:20		日常工作
14	周六	2020/9/12	8:00	17:20		日常工作
15	周日	2020/9/13	8:00	17:20		

 思路分析　下面介绍主要制作步骤，更详细的操作，可扫描二维码观看视频。
①通过新建规则来制定单元格区域的新规则。
②使用公式确定要设置格式的单元格。

微课
扫码看视频

第6章
排序、筛选与汇总数据

数据的排序、筛选与分类汇总是Excel中经常使用的几种功能，使用这些功能用户可以对工作表中的数据进行处理和分析。

本章配套的教学资源中有相关的素材文件，请读者参见资源中的【本书素材】文件夹。

6.1 销售统计表的排序

我们在日常工作中输入数据时，通常是按照时间先后来输入的。但是很多时候我们查看数据的依据不是时间，例如，当查看销售数据表时，可能希望按销售额排序，也可能希望按部门排序，此时就需要对数据重新排序。数据排序主要包括简单排序、复杂排序和自定义排序3种，用户可以根据需要进行选择。

效果展示

编号	姓名	部门	职位	销售总额
002	耿方	营销一部	总经理	183
003	张路	营销一部	经理	194
004	叶东	营销一部	课长	84
006	陈晓	营销一部	组长	122
009	郝园	营销一部	员工	98
001	王丽	营销二部	总经理	109
005	谢华	营销二部	经理	152
007	刘通	营销二部	课长	97
008	齐西	营销二部	组长	136
010	赵华	营销二部	员工	66

按照"部门"排序

编号	姓名	部门	职位	销售总额
003	张路	营销一部	经理	194
002	耿方	营销一部	总经理	183
006	陈晓	营销一部	组长	122
009	郝园	营销一部	员工	98
004	叶东	营销一部	课长	84
005	谢华	营销二部	经理	152
008	齐西	营销二部	组长	136
001	王丽	营销二部	总经理	109
007	刘通	营销二部	课长	97
010	赵华	营销二部	员工	66

先按"部门"排序，然后按"销售总额"排序

编号	姓名	部门	职位	销售总额
002	耿方	营销一部	总经理	183
001	王丽	营销二部	总经理	109
003	张路	营销一部	经理	194
005	谢华	营销二部	经理	152
007	刘通	营销二部	课长	97
004	叶东	营销一部	课长	84
008	齐西	营销二部	组长	136
006	陈晓	营销一部	组长	122
009	郝园	营销一部	员工	98
010	赵华	营销二部	员工	66

按"职位"列的自定义顺序排序

6.1.1 简单排序

所谓简单排序，就是设置单一条件进行排序。

本小节的素材文件如下

原始文件\第6章\销售统计表.xlsx

最终效果\第6章\销售统计表01.xlsx

微课 扫码看视频

我们初始录入销售统计表数据的时候，是按照员工编号依次录入的，现在需要对两个部门的数据进行统计对比，为方便统计，需要对数据按照"部门"进行排序，具体步骤如下。

STEP1 打开本实例的原始文件，选中单元格区域A1:E11，❶切换到【数据】选项卡，❷在【排序和筛选】组中单击【排序】按钮。

STEP2 弹出【排序】对话框，❶勾选【数据包含标题】复选框，❷然后在【主要关键字】下拉列表中选择【部门】选项，在【排序依据】下拉列表中选择【单元格值】选项，在【次序】下拉列表中选择【降序】选项。

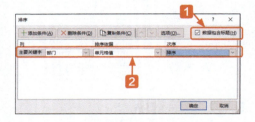

STEP3 单击 确定 按钮，返回Excel工作表，此时表格数据根据C列中"部门"的汉语拼音首字母进行降序排列。

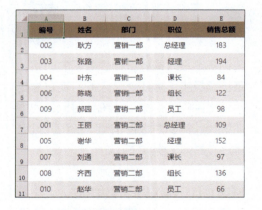

6.1.2 复杂排序

销售统计表按"部门"进行降序排列后，用户可以发现相同部门的数据还是会保持着它们的原始次序。如果用户还要对这些相同部门的数据按照一定条件（例如销售总额）进行排序，就要用到多个关键字的复杂排序了。

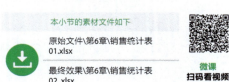

对销售统计表中"部门"相同的数据再按照销售总额进行降序排列的步骤如下。

STEP1 打开本实例的原始文件，选中单元格区域A1:E11，❶切换到【数据】选项卡，❷在【排序和筛选】组中单击【排序】按钮。

STEP2 弹出【排序】对话框，显示6.1.1小节中按照"部门"的汉语拼音首字母对数据进行降序排列的排序条件，单击 添加条件(A) 按钮。

STEP3 此时即可添加一组新的排序条件，在【次要关键字】下拉列表中选择【销售总额】选项，在【排序依据】下拉列表中选择【单元格值】选项，在【次序】下拉列表中选择【降序】选项。

第6章 ● 排序、筛选与汇总数据

STEP4 单击 确定 按钮，返回Excel工作表，此时表格数据在根据"部门"的汉语拼音首字母进行降序排列的基础上，按照"销售总额"的数值进行了降序排列，排序效果如下图所示。

编号	姓名	部门	职位	销售总额
003	张路	营销一部	经理	194
002	耿方	营销一部	总经理	183
006	陈晓	营销一部	组长	122
009	郝园	营销一部	员工	98
004	叶东	营销一部	课长	84
005	谢华	营销二部	经理	152
008	齐西	营销二部	组长	136
001	王丽	营销二部	总经理	109
007	刘通	营销二部	课长	97
010	赵华	营销二部	员工	66

6.1.3 自定义排序

Excel中的数据除了按照升序或降序方式排列外，还可以按照用户自定义的顺序排列。

对销售统计表中的数据，按照自定义的职位顺序进行排序的具体步骤如下。

STEP1 打开本实例的原始文件，选中单元格区域A1:E11，按照前面介绍的方法打开【排序】对话框，可以看到前面我们所设置的两个排序条件。

STEP2 将第一个排序条件中的【主要关键字】更改为【职位】，将【次序】更改为【自定义序列】。

STEP3 弹出【自定义序列】对话框，❶在【自定义序列】列表框中选择【新序列】选项，❷在【输入序列】文本框中输入"总经理,经理,课长,组长,员工"，中间用英文半角状态下的逗号隔开。

STEP4 单击 添加(A) 按钮，此时新定义的序列"总经理,经理,课长,组长,员工"就添加在【自定义序列】列表框中。

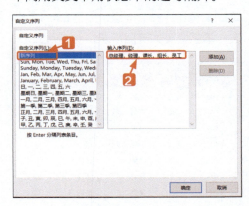

147

STEP5 单击 [确定] 按钮，返回【排序】对话框，此时，第一个排序条件中的【次序】下拉列表自动显示【总经理,经理,课长,组长,员工】选项。

STEP6 单击 [确定] 按钮，返回Excel工作表，排序效果如下图所示。

技巧1 按字符数量排序

在实际工作中，用户不仅需要按升降序排列数据，有时还因为某些原因需要按照字符数量进行排序。

按字符数量进行排序的主要技巧是先计算出排序字段的字符数量作为辅助列，然后对字符数量进行升序或降序排列。对节目清单工作表中的节目名称按字符数量排序的具体步骤如下：

STEP1 打开本实例的原始文件，在单元格D1中输入"字符数量"作为列标题。

STEP2 在单元格D2中输入公式"=LEN(A2)"，然后将此公式填充到单元格区域D3:D10中。

STEP3 选中单元格D1，❶切换到【数据】选项卡，❷在【排序和筛选】组中单击【升序】按钮。

第6章 ■ 排序、筛选与汇总数据

STEP4 返回Excel工作表,可以看到已经完成了按节目名称的字符数量排序。

技巧2 为当前选定区域排序

众所周知,当用户执行排序的时候,Excel 默认的排序区域为整个数据区域。如果用户仅需要对数据列表中的某一个特定列进行排序,如对本例中职员姓名表中的"姓名"字段进行降序排序,操作方法如下。

关于本技巧的详细操作步骤,可以扫码观看。

微课
扫码看视频

STEP1 选中单元格区域B2:B7,切换到【数据】选项卡,在【排序和筛选】组中单击【降序】按钮 。

STEP2 弹出【排序提醒】对话框,❶单击【以当前选定区域排序】单选钮,❷然后单击【排序】按钮,关闭【排序提醒】对话框,完成对当前选定区域的排序。

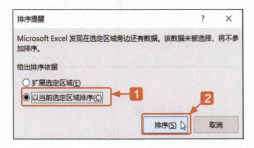

STEP3 此时,A列的"序号"字段保持原来的升序排列,但B列的"姓名"字段已经按降序排列,如下图所示。

6.2 销售明细表的筛选

当Excel工作表中的数据比较多,我们只想查看其中符合某些条件的数据时,可以使用工作表的筛选功能。Excel 2019中提供了3种筛选操作,即"自动筛选""自定义筛选""高级筛选"。

效果
展示

使用"自动筛选"功能只查看营销二部的数据

149

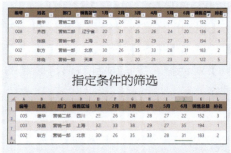

指定条件的筛选

筛选销售总额>100且排名前3的数据

6.2.1 自动筛选

"自动筛选"一般用于简单的条件筛选，筛选时将不满足条件的数据暂时隐藏起来，只显示符合条件的数据。

> 本小节的素材文件如下
> 原始文件\第6章\销售明细表01.xlsx
> 最终效果\第6章\销售明细表02.xlsx
>
> 微课
> 扫码看视频

1.指定数据的筛选

销售明细表中包含了营销一部和营销二部的所有数据，如果只想查看营销二部的数据，就可以使用指定数据的筛选。具体操作步骤如下。

STEP1 打开本实例的原始文件，选中单元格区域A1:L11，切换到【数据】选项卡，在【排序和筛选】组中单击【筛选】按钮，③随即各标题字段的右侧出现一个下拉按钮，表格进入筛选状态。

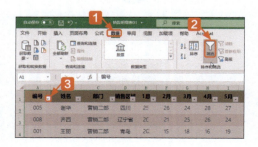

STEP2 ①单击标题字段【部门】右侧的下拉按钮，②从弹出的筛选列表中撤选【营销一部】复选框。

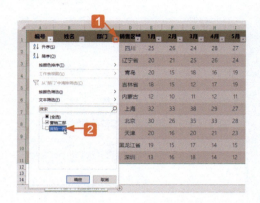

STEP3 单击  按钮，返回Excel工作表，筛选效果如下图所示。

2.指定条件的筛选

我们除了可以直接筛选某个部门的数据外，还可以根据数据大小筛选出指定数据。具体操作步骤如下。

对于已经筛选过的数据，需要先撤销之前的筛选，然后再进行新的筛选。

STEP1 选中单元格区域A1:L11，①切换到【数据】选项卡，在【排序和筛选】组中，②单击【筛选】按钮，撤销之前的筛选，再次单击【筛选】按钮，重新进入筛选状态，③然后单击标题字段【销售总额】右侧的下拉按钮。

6.2.2 自定义筛选

前面讲解的都是单一条件的筛选，但有时在实际工作中需要的数据是同时满足多个条件的，此时就可以使用自定义筛选功能。

本小节的素材文件如下
原始文件\第6章\销售明细表02.xlsx
最终效果\第6章\销售明细表03.xlsx
微课 扫码看视频

例如，我们要从销售统计表中筛选出排名为1~5的员工销售信息，具体操作步骤如下。

STEP1 打开本实例的原始文件，单击【排序和筛选】组中的【筛选】按钮，撤销之前的筛选，❶再次单击【筛选】按钮，重新进入筛选状态，❷然后单击标题字段【排名】右侧的下拉按钮。

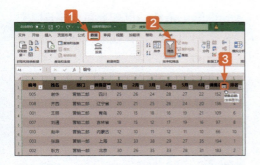

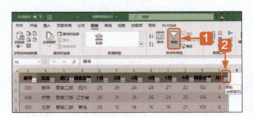

STEP2 ❶在弹出的下拉列表中单击【数字筛选】→❷【前10项】选项。

STEP2 ❶在弹出的下拉列表中选择【数字筛选】选项，❷然后在其级联菜单中选择【自定义筛选】选项。

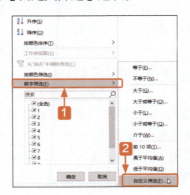

STEP3 弹出【自动筛选前10个】对话框，然后将显示条件设置为"最大5项"。

STEP4 单击 确定 按钮，返回Excel工作表，筛选效果如下图所示。

STEP3 弹出【自定义自动筛选方式】对话框，然后将显示条件设置为"排名大于或等于1与小于5"。

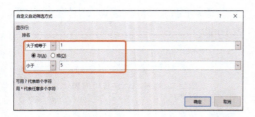

STEP4 单击 按钮，返回Excel工作表，筛选效果如下图所示。

6.2.3 高级筛选

高级筛选一般用于条件较复杂的筛选操作，其筛选的结果可显示在原数据表格中，不符合条件的记录被隐藏起来；也可以在新的位置显示筛选结果，不符合条件的记录同时保留在数据表中而不会被隐藏起来，这样更加便于数据比对。

对于复杂条件的筛选，如果使用系统自带的筛选条件，可能需要多次筛选；而如果使用高级筛选，就可以自定义筛选条件，具体操作步骤如下。

STEP1 打开本实例的原始文件，❶切换到【数据】选项卡，❷单击【排序和筛选】组中的【筛选】按钮，撤销之前的筛选。❸然后在不包含数据的区域内输入一个筛选条件，例如在单元格K12中输入"销售总额"，在单元格K13中输入">100"。

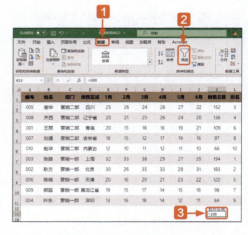

STEP2 将光标定位在数据区域的任意一个单元格中，单击【排序和筛选】组中的【高级】按钮。

STEP3 弹出【高级筛选】对话框，❶选中【在原有区域显示筛选结果】单选钮，❷然后单击【条件区域】文本框右侧的【折叠】按钮。

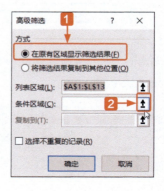

STEP4 弹出【高级筛选-条件区域】对话框，然后在工作表中拖曳鼠标框选条件区域K12:K13。

STEP5 选择完毕，单击【展开】按钮，返回【高级筛选】对话框，此时即可在【条件区域】文本框中显示条件区域的范围。

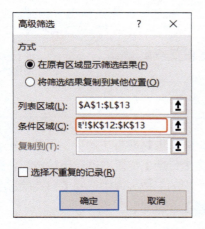

STEP6 单击 确定 按钮，返回Excel工作表，筛选效果如下图所示。

STEP7 单击【排序和筛选】组中的【筛选】按钮，撤销之前的筛选，然后在不包含数据的区域内输入筛选条件，例如将筛选条件设置为"销售总额>100，排名<=3"。

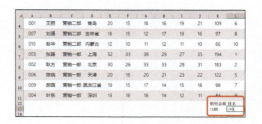

STEP8 将光标定位在数据区域的任意一个单元格中，单击【排序和筛选】组中的【高级】按钮。

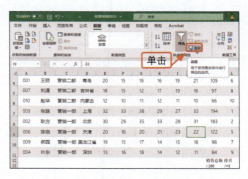

STEP9 弹出【高级筛选】对话框，单击【条件区域】文本框右侧的【折叠】按钮。

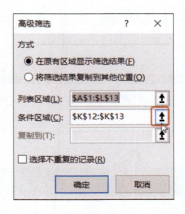

STEP10 弹出【高级筛选-条件区域】对话框，然后在工作表中拖曳鼠标框选条件区域K12:L13。

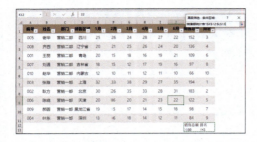

STEP11 选择完毕，单击【展开】按钮，返回【高级筛选】对话框，此时即可在【条件区域】文本框中显示条件区域的范围。

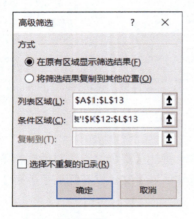

STEP12 单击 确定 按钮，返回Excel工作表，筛选效果如下图所示。

技巧1　按照日期的特征筛选

对于日期型数据字段，下拉列表中会显示【日期筛选】的更多选项，与文本筛选和数字筛选相比，这些选项更具特色。

STEP1 打开本实例的原始文件，选中标题行，❶切换到【数据】选项卡，❷单击【排序和筛选】组中的【筛选】按钮。

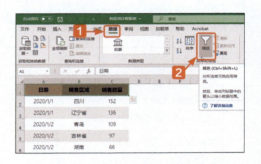

STEP2 此时标题行中出现了下拉按钮，单击【日期】字段右侧的下拉按钮。❶在弹出的下拉列表中选择【日期筛选】→❷【上季度】选项。

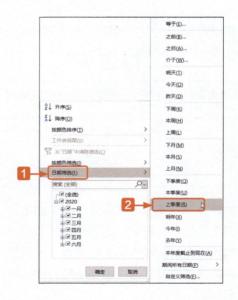

STEP3 返回Excel工作表，可以看到上一季度的销售数据。

出的下拉列表中选择【按颜色筛选】选项，3在弹出的子列表中选择"灰色"颜色。

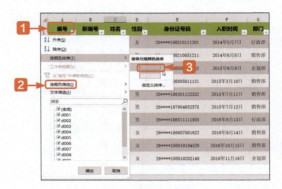

STEP2 可以看到表格数据按单元格颜色筛选，效果如下图所示。

> ⚠️ **注意** 在【日期筛选】下拉列表中，①日期分组列表并没有直接显示具体的日期，而是以年、月和日分组后的分层形式显示。②提供了大量的预置动态筛选条件，将数据列表中的日期与当前日期（系统日期）的比较结果作为筛选条件。③【期间所有日期】选项下面的命令只按时间段进行筛选，而不考虑年。

技巧2　按照单元格背景颜色筛选

许多用户喜欢在数据列表中使用单元格底色来标识重要或特殊的数据，Excel的筛选功能能支持以这些特殊标识作为条件来筛选数据。

6.3　销售统计表的分类汇总

分类汇总是按某一字段的内容进行分类，并对每一类统计出相应的结果。下面将销售统计表中的数据按照"部门"汇总。

本技巧的素材文件如下
原始文件\第6章\员工信息表.xlsx
最终效果\第6章\员工信息表.xlsx
微课 扫码看视频

当要筛选的字段中设置了单元格颜色时，筛选下拉列表中的【按颜色筛选】选项会变为可用状态，并列出当前字段中所有用过的单元格颜色，选中相应的颜色项，就可以筛选出应用了该种颜色的数据。

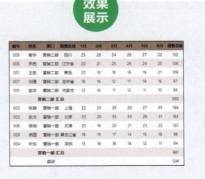

销售统计表按照"部门"汇总

STEP1 打开本实例的原始文件，1单击【编号】字段右侧的下拉按钮，2在弹

6.3.1 创建分类汇总

创建分类汇总之前，首先要对工作表中的数据进行排序。

STEP1 打开本实例的原始文件，**1**切换到【数据】选项卡，**2**在【排序和筛选】组中单击【清除】按钮，撤销之前的筛选，并将自定义的筛选条件删除。

STEP2 此时，用户可以看到数据是按部门排好序的，所以可以直接进行分类汇总，在【分级显示】组中单击【分类汇总】按钮。

STEP3 弹出【分类汇总】对话框，**1**在【分类字段】下拉列表中选择【部门】选项，**2**在【汇总方式】下拉列表中选择【求和】选项，**3**在【选定汇总项】列表框中勾选【销售总额】复选框，撤

选【排名】复选框，**4**勾选【替换当前分类汇总】和**5**【汇总结果显示在数据下方】复选框。

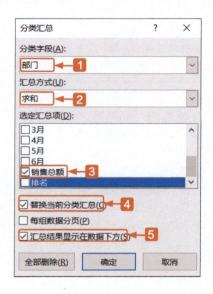

STEP4 单击 确定 按钮，返回Excel工作表，汇总效果如下图所示。

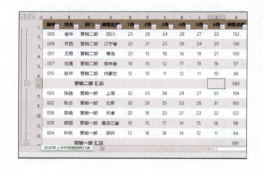

6.3.2 删除分类汇总

如果用户不再需要将工作表中的数据以分类汇总的方式显示出来，则可将创建的分类汇总删除。

STEP1 打开本实例的原始文件,将光标定位在数据区域的任意单元格中,❶切换到【数据】选项卡,❷单击【分级显示】组中【分类汇总】按钮。

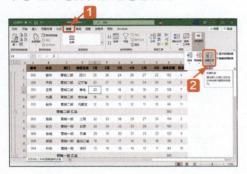

STEP2 弹出【分类汇总】对话框,单击 全部删除(R) 按钮。

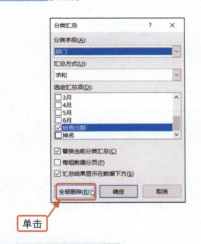

STEP3 返回Excel工作表,可以将所创建的分类汇总全部删除,工作表恢复到分类汇总前的状态。

你问我答

Q1:造成排序操作不成功的原因有哪些?

在排序的过程中,有时会出现一些错误,造成排序操作不成功或无法达到预期的效果,下面针对用户可能遇到的一些排序问题及处理方法进行一一介绍。

1. 数据区域中包含空行或者空列

通常情况下,如果用户单击数据区域中的任意一个单元格然后进行排序,Excel都会自动识别选中整个数据区域，使得排序操作可以正常进行。但是，如果在数据区域中包含空行或者空列的情况下使用此方法，Excel就无法正确地识别整个数据区域，排序就会产生错误的结果。

因此，当数据区域存在空行或空列时，需要在选定完整的数据区域后再进行相关的排序操作，以避免出现某些无法预知的错误。

2. 多种数据类型混排

对于不同数据类型的排序规则，Excel中的默认设置如下表所示。

数据类型	规则
数值型数据	以整个数值（包括正负号）的大小作为排序依据，数值由小到大为升序
文本型数据	英文字母：按26个字母的顺序为排序依据，由a至z为升序，不区分字母大小写
	中文字符：以汉语拼音的字母顺序作为升序依据，字母的排序顺序与英文字母相同
	数字字符的文本型数据：以单个数字字符的大小作为升序排序，从"0"到"9"为升序
混合型	对于多个字符组成的字符串，依次比较每个字符的排序顺序
	在英文字母、中文字符、数字字符和符号之间，其升序的顺序为"数字字符"→"符号"→"英文字母"→"中文符号"
逻辑值	FALSE→TRUE为升序
错误值	所有错误值的优先级相同

以上这些不同的数据类型之间，其升序顺序如下：数值型数据→文本型数据→逻辑值→错误值→混合型。

由于数字存储到Excel工作表中时，有可能以数值型的格式存在，也有可能以文本型的格式存在，因此，当数据区域中同时存在两种格式类型的数值时，排序便无法得到预期的结果。

例如，右图所示的数据表格中的单元格区域A2:A5是文本型数据，其他单元格区域是数值型数据，此时，如果按照"编号"字段进行排序，就会出现"105"排在"117"之后的错误结果，解决方法如下。

编号	姓名
107	刘通
106	陈晓
105	谢华
104	叶东
120	代华华
119	房丽丽
118	齐倩倩
117	王彤彤

STEP1 选中数据区域中的任意一个单元格（如B1），在【数据】选项卡中单击【排序】按钮。

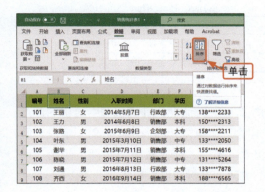

STEP2 打开【排序】对话框，❶设置【主要关键字】为【编号】，【次序】为【升序】，❷单击【确定】按钮。

STEP3 此时Excel会自动弹出【排序提醒】对话框，提示用户数据中包含文本格式的数据。单击【将任何类似数字的内容排序】单选钮，然后单击【确定】按钮，关闭【排序提醒】对话框。

STEP4 完成对【编号】字段的排序，如下图所示。

> ⚠ **注意** 如果需要保留文本形式数据和数值形式数据分开排序的默认方式，则可以在【排序提醒】对话框中单击【分别将数字和以文本形式存储的数字排序】单选钮。

Q2: 筛选可以使用通配符吗？

　　Excel表格进入筛选状态后，单击任意字段右侧的下拉按钮，依次选择【数字筛选】→【自定义筛选】选项，弹出【自定义自动筛选方式】对话框，在该对话框中允许使用两种通配符，星号"*"代表任意长度的字符串，问号"？"则代表任意单个字符。如果要引用"*"或"？"本身所代表的字符，可在"*"或"？"前面添加波形符"~"。
　　有关通配符的使用说明请参阅下表。

条件		符合条件的数据示例
等于	Sh?ll	Shall，Shell
等于	杨?伟	杨大伟，杨鑫伟
等于	H??t	Hart，Heit，Hurt
等于	L*n	Lean，Lesson，Lemon
包含	~?	可以筛选出数据中含有"?"的数据
包含	~*	可以筛选出数据中含有"*"的数据

　　【自定义自动筛选方式】对话框是筛选功能的公共对话框，其列表框中显示的逻辑运算符并非适用于每种数据类型的字段。如"包含"运算符就不适用于数值型字段。只有当字段数据为文本型数据时，才能使用"包含"条件，而对数值型数据，使用"包含"条件无效。例如使用包含"2*"作为条件，并不能在数值型数据中筛选出以数字2开头的数值。与此类似，不适用于数值型数据的自定义筛选条件还包括"不包含""开头是""开头不是""结尾是"和"结尾不是"。

　　【搜索框】中输入的关键字也支持通配符，如下图所示，如果关键字不包含通配符，则表示"包含"的意思。

职场拓展

先排序后筛选，挑选成绩优秀的员工

　　在培训成绩表中，如果不对成绩进行排序，很难一眼看出哪个员工的成绩最优异。对表格中的培训成绩按总成绩排序，这样有利于观看和查找，也可以节省时间。同时还可以对表格中的成绩进行筛选，按照要求筛选出"规章制度"这项成绩优秀的员工。

	A	B	C	D	E	F	G	H	I	J	K	L
1	编号	姓名	部门	公司微识	规章制度	KD项目	财务知识	日常管理	商务礼仪	平均成绩	总成绩	名次
3	002	赵龙	后勤部	93	90	93	97	79	89	90	541	2
4	006	张玲玉	公关部	92	99	79	76	93	99	90	538	3
5	001	孙函然	研发部	90	96	76	80	96	94	89	532	4
6	007	周坤	市场部	96	99	80	79	93	79	88	526	5
7	003	李贤	市场部	93	90	76	61	99	96	86	515	8
10	009	宋明明	后勤部	90	99	78	94	73	79	86	513	9

本例我们将结合使用排序和筛选功能，先按"总成绩"（K列）排序，查看到综合成绩最优异的员工，然后筛选出"规章制度"这项成绩优秀（即E列>90）的员工。

下面介绍主要制作步骤，更详细的操作，可扫描二维码观看视频。
① 单击【排序】按钮对总成绩（K列）进行降序排列。
② 筛选条件："规章制度"大于90，即为优秀的成绩。

微课
扫码看视频

第 7 章
图表与数据透视表

图表的本质,是将枯燥的数字展现为生动的图像,帮助我们理解和记忆。数据透视表可以快速对大量数据进行汇总统计,是比较常用的数据分析工具。

本章配套的教学资源中有相关的素材文件,请读者参见资源中的【本书素材】文件夹。

7.1 销售统计图表

营销部工作人员为了了解业务员销售业绩，需要定期对每个业务员的销售情况进行汇总，据此判断业务员的工作能力。

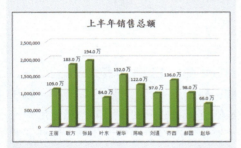

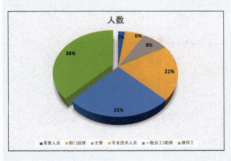

7.1.1 创建图表

Excel 2019不仅具备强大的数据整理、统计分析能力，而且还可以用于制作各种类型的图表。下面根据业务员的销售情况创建一个"销售统计图表"，从中可以方便快捷地观察出业务员的销售业绩。

本小节的素材文件如下

 原始文件\第7章\销售统计图表.xlsx

最终效果\第7章\销售统计图表.xlsx

 微课 扫码看视频

1. 插入图表

下面以给营销部工作人员的销售业绩插入"簇状柱形图"为例来具体学习插入图表的方法。

STEP1 打开本实例的原始文件，❶切换到"销售统计图表"工作表中，❷选中单元格区域A1:B11，❸切换到【插入】选项卡，❹单击【图表】组中的【插入柱形图】按钮，❺从弹出的下拉列表中选择【簇状柱形图】选项。

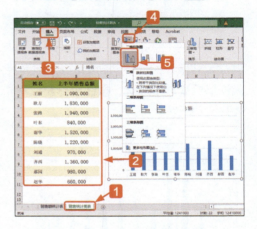

STEP2 可以看到在工作表中插入了一个簇状柱形图。

2. 调整图表大小和位置

插入图表后，为了使图表显示在工作表中的合适位置，用户可以对其大小和位置进行调整。

STEP1 选中要调整大小的图表，此时图表区的四周会出现8个控制点，将鼠标指针移动到图表的右下角，待鼠标指针变成+字形状，按住鼠标左键向左上或右下拖动图表，拖动到合适的大小后，释放鼠标左键即可。

STEP1 选中柱形图，单击鼠标右键，从弹出的快捷菜单中选择【更改图表类型】选项。

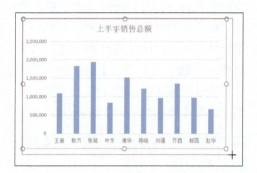

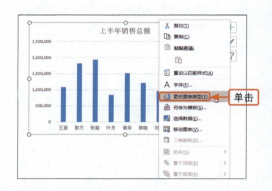

STEP2 将鼠标指针移动到图表上，此时鼠标指针变成✥形状，按住鼠标左键不放并拖动图表。

STEP2 弹出【更改图表类型】对话框，❶切换到【所有图表】选项卡中，❷在左侧选择【柱形图】选项，❸然后单击【簇状柱形图】选项，从中选择合适的选项。

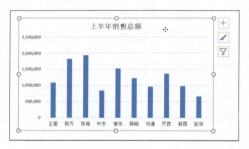

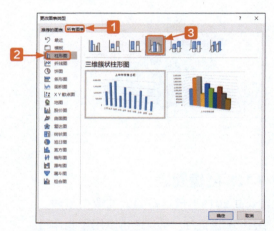

STEP3 将图表拖动到合适的位置后，释放鼠标左键即可调整图表的位置。

STEP3 单击 确定 按钮，即可看到更改图表类型后的效果。

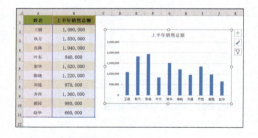

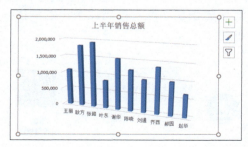

3.更改图表类型

插入图表后，如果用户对创建的图表不满意，可以更改图表类型。下面以刚插入的柱形图为例，为其更改图表类型。

4. 设计图表布局

插入图表后，如果对图表布局不满意，还可以重新设计。以刚插入的柱形图为例，为其设计图表布局。

STEP1 选中图表，①切换到【图表设计】选项卡，②单击【图表布局】组中的【快速布局】按钮，③从弹出的下拉列表中选择【布局3】选项。

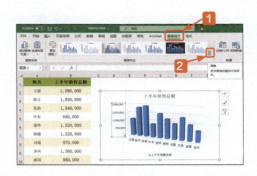

STEP2 从弹出的下拉列表中选择【样式12】选项。

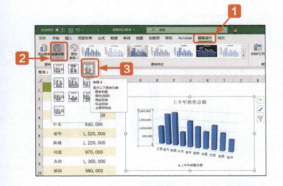

STEP2 可以看到所选的布局样式应用到图表中，效果如右上图所示。

STEP3 可以看到所选的图表样式已应用到图表中，效果如下图所示。

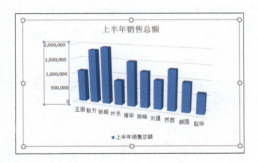

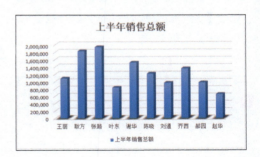

5. 设计图表样式

Excel 2019提供了很多图表样式，用户可以从中选择合适的样式。设计图表样式的具体步骤如下。

STEP1 选中图表，①切换到【图表设计】选项卡，②单击【图表样式】组中的【其他】按钮。

7.1.2 美化图表

为了使创建的图表看起来更加美观，用户可以对图表标题和图例、图表区域、数据系列、绘图区、坐标轴、网格线等项目进行格式设置。下面通过美化销售统计图表来具体学习。

1. 设置图表标题和图例

STEP1 打开本实例的原始文件，将图表标题修改为"上半年销售总额"，❶选中图表标题，❷切换到【开始】选项卡，❸在【字体】组中的【字体】下拉列表中选择【方正楷体简体】选项。

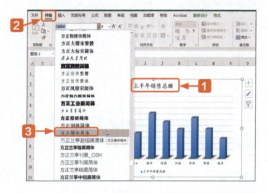

STEP2 ❶在【字号】下拉列表中选择【18】选项，❷然后单击【加粗】按钮，撤销加粗效果。

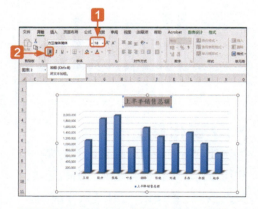

STEP3 选中图表，❶切换到【图表设计】选项卡，❷单击【图表布局】组中的【添加图表元素】按钮，❸从弹出的下拉列表中选择【图例】→❹【无】选项。

STEP4 返回Excel工作表，此时原有的图例就被隐藏起来了。

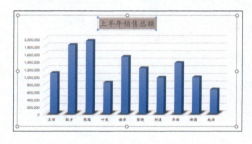

2. 设置图表区域格式

STEP1 选中整个图表区，❶切换到【图表设计】选项卡，在【图表样式】组中❷单击【更改颜色】选项的下拉按钮，❸在弹出的下拉列表中选择【彩色调色板4】选项。

STEP2 返回Excel工作表，可以看到更改的颜色效果。

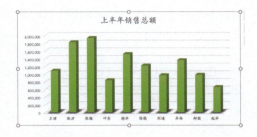

3. 设置坐标轴格式

默认创建的图表的横网格线往往比较密集，容易让人产生阅读障碍。在创建图表后，用户可以通过调整坐标轴的单位（即数值间隔）来适当增大网格线之间的间距。

STEP1 ①选中垂直（值）轴，然后单击鼠标右键，②从弹出的快捷菜单中选择【设置坐标轴格式】选项。

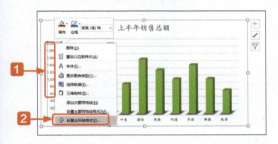

STEP2 弹出【设置坐标轴格式】任务窗格，①切换到【坐标轴选项】选项卡，②单击【坐标轴选项】按钮，③在【单位】选项组的【大】文本框中输入"500000"。

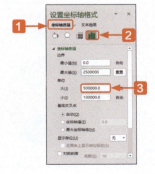

STEP3 单击【关闭】按钮，返回Excel工作表，设置效果如下图所示。

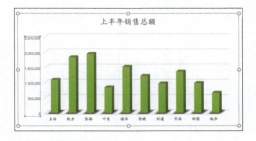

4. 添加数据标签

STEP1 ①切换到【图表设计】选项卡，②单击【图表布局】组中的【添加图表元素】按钮，③从弹出的下拉列表中选择【数据标签】→④【其他数据标签选项】选项。

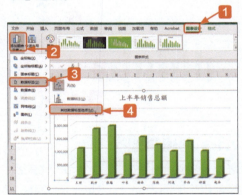

STEP2 弹出【设置数据标签格式】任务窗格，①切换到【标签选项】选项卡，②单击【标签选项】按钮，③在【标签包括】选项组中勾选【值】复选框，④撤选【显示引导线】复选框。

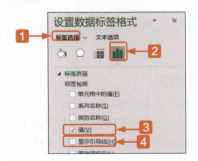

STEP3 单击【关闭】按钮，返回 Excel工作表，设置效果如图所示。

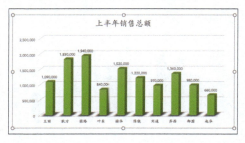

STEP4 双击任意一个数据标签，打开【设置数据标签格式】任务窗格。①单击【标签选项】→②【数字】选项组，③在【格式代码】中输入"0!.0,'万'"，④单击【添加】按钮。

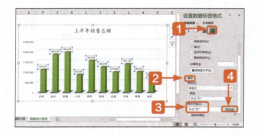

7.1.3 创建饼图

饼图是表达一组数据的百分比占比关系最常用到的图表之一。饼图有扇形图、圆形图、多个圆环图嵌套等不同的衍生形式。下面通过某公司的人员结构分析图来具体讲解创建饼图的方法。

本小节的素材文件如下
原始文件\第7章\人员结构分析图.xlsx
最终效果\第7章\人员结构分析图.xlsx
微课 扫码看视频

1.插入饼图

STEP1 打开本实例的原始文件，选中单元格区域A1:B7，①切换到【插入】选项卡，②单击【图表】组中的【插入饼图或圆环图】按钮，③从弹出的下拉列表中选择【饼图】选项。

STEP2 可以看到在工作表中插入了一个饼图，调整好图表位置。

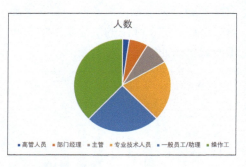

2.编辑饼图

STEP1 选中创建的图表，①切换到【图表设计】选项卡，②单击【图表样式】组中的【其他】按钮。

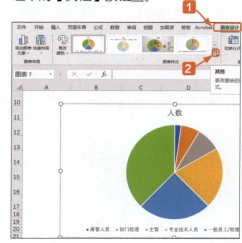

168

STEP2 从弹出的下拉列表中选择【样式11】选项。

STEP3 此时即可将所选的图表样式应用到图表中,效果如下图所示。

STEP4 用户可以修改饼图中某一扇区的颜色。例如,选中深蓝色的扇区,双击鼠标左键,弹出【设置数据点格式】任务窗格,单击【填充与线条】按钮。

STEP5 ❶单击【填充】选项组中的【填充颜色】下拉按钮,❷在弹出的颜色选项中选中合适的颜色。

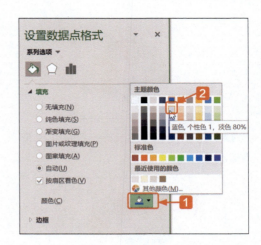

STEP6 返回Excel工作表,设置后的效果如下图所示。

STEP7 选中数据标签,切换到【开始】选项卡,在【字体】组中调整字体大小,更改字体颜色为黑色。设置后的效果如下图所示。

STEP8 选中一个扇区,按住鼠标左键拖动这个扇区,即可单独强调其中一块图形。

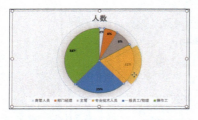

STEP9 拖动完毕释放鼠标左键即可，设置效果如下图所示。

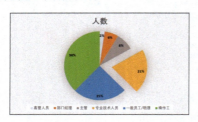

技巧1　处理图表中的负值

下面通过"月消费图表"来学习如何在Excel图表中为负值设置不同颜色。数据标签的设置规则为：负值设置为红色，大于1000的数值设置为绿色，其余设置为黑色。

STEP1 打开本实例的原始文件，选中图表中的数据标签，单击鼠标右键，在弹出的快捷菜单中单击【设置数据标签格式】选项。

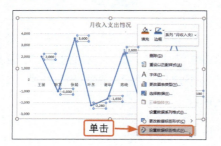

STEP2 弹出【设置数据标签格式】任务窗格，❶切换到【标签选项】选项卡中，❷单击【标签选项】按钮，❸在【数字】选项组中的【类别】下拉列表中选择【自定义】选项。

STEP3 ❶在【格式代码】文本框中输入"[红色][<0]-0;[绿色][>1000]0;0"，❷单击 添加(A) 按钮。

STEP4 单击【关闭】按钮 ×，返回Excel工作表，设置后的效果如图所示。

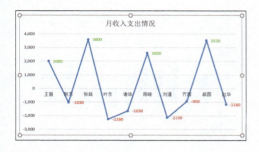

技巧2　平滑折线巧设置

绘制折线图时，用户可以通过设置平滑拐点使图看起来更加美观。下面通过绘制折线图来学习平滑折线的设置技巧。

STEP1 打开本实例的原始文件，❶切换到【插入】选项卡，❷在【图表】组中单击【插入折线图或面积图】右侧的下拉按钮，❸从弹出的列表中选择【带数据标记的折线图】选项。

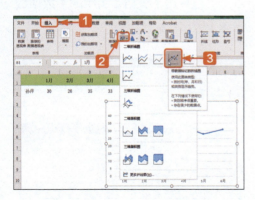

STEP2 设置图表样式，❶切换到【图表设计】选项卡，❷在【图表样式】组中选择【样式13】选项。

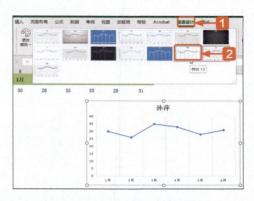

STEP3 此时即可将所选的图表样式应用到图表中，效果如下图所示。

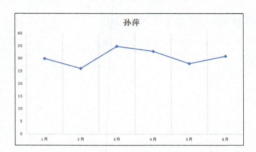

STEP4 选中要修改格式的折线系列，然后单击鼠标右键，在弹出的快捷菜单中单击【设置数据系列格式】选项。

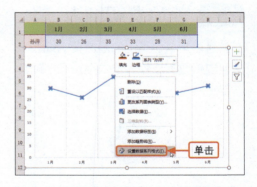

STEP5 弹出【设置数据系列格式】任务窗格，❶单击【填充与线条】按钮，❷然后勾选【平滑线】复选框。

STEP6 单击【关闭】按钮 × 返回Excel工作表，设置效果如下图所示。

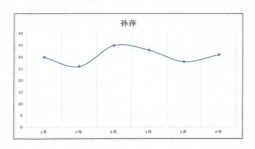

7.2 差旅费明细表

下面通过某公司员工的差旅费明细表来学习创建数据透视表及数据透视图的具体方法。

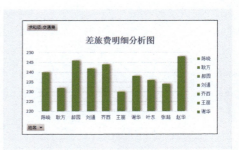

7.2.1 使用数据透视表分析

数据透视表是自动生成分类汇总表的工具，可以根据原始数据表的数据内容及分类，按任意角度、任意多层次、不同的汇总方式，得到不同的汇总结果。

1. 创建数据透视表

STEP1 打开本实例的原始文件，选中单元格区域A1:H21，❶切换到【插入】选项卡，❷单击【表格】组中的【数据透视表】按钮。

STEP2 弹出【创建数据透视表】对话框，此时【表/区域】文本框中显示了所选的单元格区域，不用修改；然后在【选择放置数据透视表的位置】组合框中单击【新工作表】单选钮。

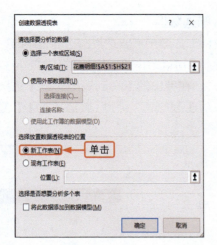

STEP5 ❶勾选【出差月份】复选框，然后单击鼠标右键，在弹出的快捷菜单中❷单击【添加到报表筛选】选项。

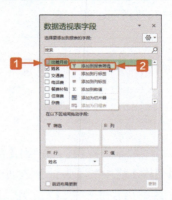

STEP3 单击 确定 按钮，系统会自动在新的工作表中创建一个数据透视表的基本框架，并弹出【数据透视表字段】任务窗格。

STEP6 此时可以将【出差月份】字段添加到【筛选】列表框中。

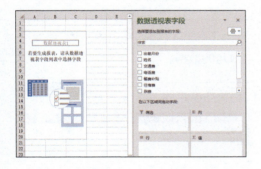

STEP7 勾选【交通费】【电话费】【餐费补贴】【住宿费】【杂费】【总额】复选框，这几个字段会自动添加到【值】列表框中。

STEP4 在【数据透视表字段】任务窗格的【选择要添加到报表的字段】列表框中选择要添加的字段，如勾选【姓名】复选框，【姓名】字段会自动添加到【行】列表框中。

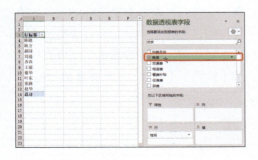

STEP8 单击【数据透视表字段】任务窗格右上角的【关闭】按钮×，关闭【数据透视表字段】任务窗格，创建的数据透视表如下图所示。

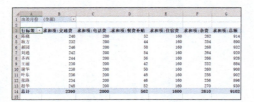

STEP9 选中数据透视表，切换到【数据透视表工具】栏中的【设计】选项卡，单击【数据透视表样式】组中的【其他】按钮，在弹出的下拉列表中单击【白色，数据透视表样式中等深浅4】选项。

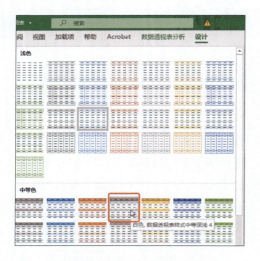

STEP10 应用样式后的效果如图所示。

2. 筛选数据

STEP1 如果用户要在数据透视表中筛选数据，可以单击单元格B1右侧的下拉按钮，在弹出的下拉列表中勾选【选择多项】复选框，然后撤选【2月】复选框。

STEP2 单击 确定 按钮，筛选结果如下图所示。此时单元格B1右侧的下拉按钮变为【筛选】按钮，数据透视表只显示1月的数据。

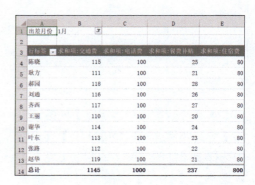

STEP3 如果用户要查询相关人员的差旅费用信息，可以单击单元格A3右侧的下拉按钮，在弹出的下拉列表中撤选【全选】复选框，然后选择查询项目，如勾选【耿方】【齐西】【叶东】复选框。

STEP4 单击 [确定] 按钮，查询结果如下图所示。

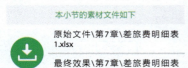

7.2.2 创建数据透视图

创建完数据透视表后，用户还可以创建数据透视图，使用数据透视图可以直观地显示对比、规模和趋势。

本小节的素材文件如下
原始文件\第7章\差旅费明细表1.xlsx
最终效果\第7章\差旅费明细表1.xlsx
微课 扫码看视频

STEP1 打开本实例的原始文件，选中单元格区域A2:H21中的任意单元格，❶切换到【插入】选项卡，❷单击【图表】组中的【数据透视图】按钮的下半部分按钮，❸在弹出的下拉列表中单击【数据透视图】选项。

STEP2 弹出【创建数据透视图】对话框，此时【表/区域】文本框中显示了所选的单元格区域，然后在【选择放置数据透视图的位置】组合框中单击【新工作表】单选钮。

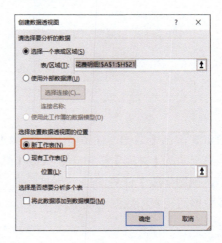

STEP3 设置完毕，单击 [确定] 按钮即可。此时，系统会自动地在新的工作表中创建一个数据透视表和数据透视图的基本框架，并弹出【数据透视图字段】任务窗格。

STEP4 在【选择要添加到报表的字段】任务窗格中选择要添加的字段，如勾选【姓名】和【交通费】复选框，此时【姓名】字段会自动添加到【轴（类别）】列表框中，【交通费】字段会自动添加到【值】列表框中。

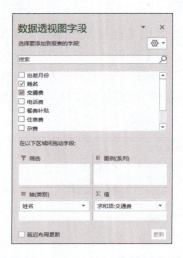

STEP5 单击【数据透视图字段】任务窗格右上角的【关闭】按钮 ×，关闭【数据透视图字段】任务窗格，此时即可生成数据透视表和数据透视图。

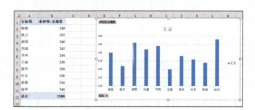

STEP6 在数据透视图中输入图表标题"差旅费明细分析图"。

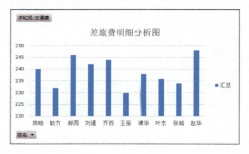

STEP7 对图表标题、图表区域、绘图区以及数据系列进行格式设置，效果如下图所示。

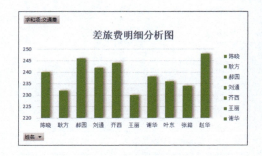

STEP8 如果用户要查看部分人员的数据，可进行手动筛选。单击 姓名▼ 按钮，在弹出的下拉列表中勾选要查看的姓名前的复选框。

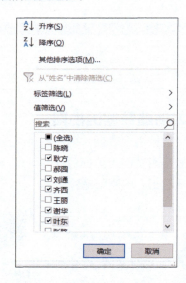

STEP9 单击 确定 按钮，筛选结果如下图所示。

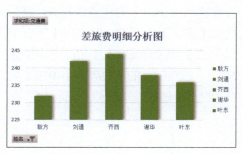

秋叶私房菜

技巧1　在数据透视表中添加计算项

默认情况下数据透视表包含的字段只能是原始表格中有的字段。可以手动增加计算项来丰富透视表数据所展示的内容。

关于本技巧的详细操作步骤，可以扫码观看。

微课
扫码看视频

STEP1 打开本实例的原始文件"销售表（技巧）.xlsx"，选中数据透视表中"列标签"单元格（如B3），❶切换到【数据透视表分析】选项卡，依次单击【计算】组中❷【字段、项目和集】按钮→❸【计算项】选项。

STEP2 弹出【在"类别"中插入计算字段】对话框，❶在【名称】列表框中输入"差异"；❷将【公式】中的0清除，保留等号；❸在【字段】列表中选中【类别】，在【项】列表中选中【电子】选项；❹单击【插入项】按钮。

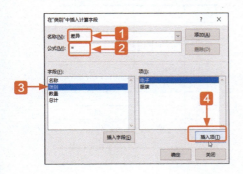

STEP3 继续编写公式。❶在"电子"后面输入减号，❷然后选中【服装】选项，❸单击【插入项】按钮。

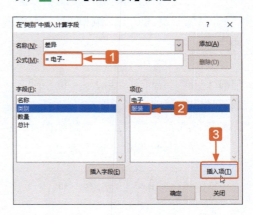

STEP4 设置完毕，单击【确定】按钮。

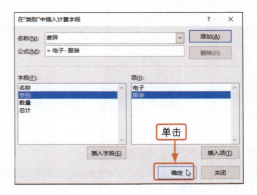

STEP5 返回Excel工作表，可以看到在数据透视表中增加了【差异】列。

技巧2　拖曳数据项对字段进行排序

在数据透视表中如果用户希望将"部门"字段下的"销售部"数据项移到"行政部"之前，可按照以下步骤操作。

STEP1 选中"部门"字段下"销售部"数据项的任意单元格（如A7），将鼠标指针悬停在其边框线上，待鼠标指针变成 ✥ 形状时按住鼠标左键不放。

STEP2 将"销售部"拖曳到"行政部"的上边框线上，松开鼠标左键即可，可以看到"销售部"所包含的数据项全部移到了"行政部"上方，如下图所示。

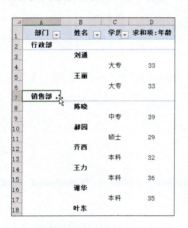

你问我答

Q1： 什么是二维表？

在Excel中，二维表是指有横向和纵向两个标题行的表格，如下页所示的销售统计表，又如包含多名学生语文、数学、英语、体育成绩的成绩表，包含不同车间不同产品的生产数量数据表。一般情况下，这样的二维表无法进行数据透视，需要将其转化为一维表。

		产品A	产品B	产品C
1	车间A	90	80	100
2	车间B	100	90	80
3	车间C	110	80	90

二维表

车间	产品	产量
车间A	产品A	90
车间A	产品B	80
车间A	产品C	100
车间B	产品A	100
车间B	产品B	90
车间B	产品C	80
车间C	产品A	110
车间C	产品B	80
车间C	产品C	90

一维表

Q2： 怎样用二维表创建数据透视表？

在实际工作中，如果要对一个二维表进行数据透视分析，也可不必将其转换为一维表，可以使用多重合并计算的方式创建数据透视表。

下图是一个二维销售统计表，下面创建数据透视表，以分析指定业务员在各月的销售情况。

	A	B	C	D	E	F	G
1	姓名	1月	2月	3月	4月	5月	6月
2	王丽	51	53	47	54	56	76
3	耿方	45	85	75	64	58	54
4	张路	85	64	77	75	64	85
5	叶东	65	85	45	85	77	64
6	谢华	75	85	95	58	75	54
7	陈晓	65	56	54	65	85	45
8	刘通	75	75	85	59	35	85
9	齐西	85	74	33	85	45	65
10	郝园	85	45	55	65	75	35
11	赵华	85	75	65	58	65	75

STEP1 打开素材文件"销售统计表"，选中单元格A1，依次按【Alt】【D】【P】键，打开【数据透视表和数据透视图导向--步骤1（共3步）】对话框，❶选中【多重合并计算数据区域】单选钮和❷【数据透视表】单选钮，❸单击【下一步】按钮。

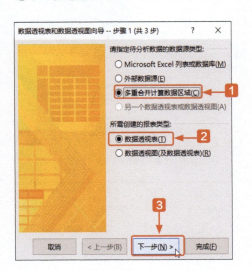

STEP2 ❶在【数据透视表和数据透视图向导--步骤2a（共3步）】对话框中单击【创建单页字段】单选钮，❷单击【下一步】按钮，如下图所示。

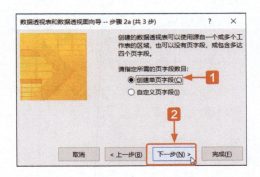

STEP3 在弹出的对话框中，❶选中"销售额统计表"的单元格区域A1:G11，❷单击 添加(A) 按钮，❸单击【下一步】按钮，效果如图所示。

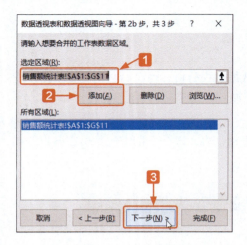

STEP4 在弹出的对话框中❶单击【新工作表】单选钮，❷单击【完成】按钮。

STEP5 此时即可打开【数据透视表字段】任务窗格。将【行】【列】【值】【页1】字段分别拖曳至对应的区域，即可创建二维数据透视表。

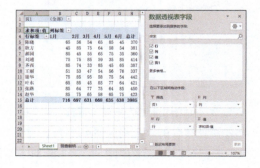

STEP6 为了更方便地查看、分析数据，我们可以使用切片器。在任务窗格中，将"筛选"和"行"文本框中的字段移除，然后将"列"字段移动到"行"文本框中。

STEP7 在数据透视表中插入一个关于"行"字段的切片器，并根据数据透视表创建一个数据透视图，这样用户就可以轻松地分析数据了。

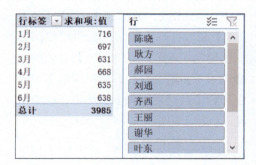

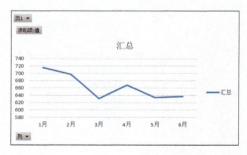

职场拓展

为月库存统计表创建数据透视图

面对公司一整月的海量数据,你需要使用高效的方法分析数据,快速制作各种统计分析报表和图表,使公司的月库存状况一目了然。

怎么才能提高工作效率?你是不是应该考虑让烦琐的工作变得简单,而不是盲目地加班呢?数据汇总,其实只要几分钟而已。例如,可以为月库存统计表创建一个数据透视图,这样可以更加直观地查看库存情况。

	A	B	C	D
1	销售日期	销售区域	产品名称	出入库
2	2020/6/1	天津	产品A	310
3	2020/6/2	济南	产品E	-256
4	2020/6/3	上海	产品D	523
5	2020/6/4	广州	产品A	428
6	2020/6/5	北京	产品C	620
7	2020/6/6	重庆	产品C	-126
8	2020/6/7	郑州	产品D	241
9	2020/6/8	深圳	产品E	321
10	2020/6/9	上海	产品C	428
11	2020/6/10	上海	产品D	-163
12	2020/6/11	重庆	产品A	259
13	2020/6/12	郑州	产品B	-108
14	2020/6/13	深圳	产品A	-213
15	2020/6/14	北京	产品C	492
16	2020/6/15	北京	产品E	567

为月库存统计表创建数据透视表可以快速高效地查看库存情况,有利于提高工作效率。

下面介绍主要制作步骤,更详细的操作,可扫描二维码观看视频。
①根据本月库存统计表创建一个数据透视表,以查看库存消耗对比。
②制作数据透视图。

微课
扫码看视频

第 8 章
数据分析与数据可视化

Excel 2019提供了强大的数据分析功能，了解并熟练掌握数据分析的方法会对以后的工作有很大帮助，能够更好地满足日常工作的需要。

本章配套的教学资源中有相关的素材文件，请读者参见资源中的【本书素材】文件夹。

8.1 数据分析

数据分析是指采用适当的统计分析方法对收集的数据进行分析,将数据中有价值的信息提炼出来。

8.1.1 数据分析方法

常用的数据分析方法包括以下两种。

1. 对比分析法

对比分析法是指将两个或两个以上的数据进行对比,分析它们的差异,从而揭示这些数据所代表事物的发展变化情况和规律。

例如,A产品和B产品近6个月的销售数据如下图所示。

月份	A产品	B产品
1月	98	140
2月	110	150
3月	110	135
4月	90	140
5月	90	120
6月	100	110

根据销售数据制作出的簇状柱形图如下图所示。

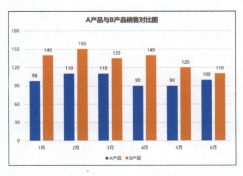

通过对A产品和B产品销售数据的对比,发现B产品在各月的实际销售量都明显比A产品好。

2. 结构分析法

结构分析法是在统计分组的基础上,计算各组成部分所占的比重,进而分析总体现象的内部结构特征、总体的性质以及总体内部结构变化规律的分析方法。例如,某公司销售数据如下图所示。

分类	金额	比重
销售额	1,212.61	100.00%
家用电器	260.98	21.52%
服装类	216.94	17.89%
食品类	251.78	20.76%
化妆品	115.91	9.56%
艺术品	367	30.27%

从上图可以看出,销售额1 212.61万元为总金额。家用电器、服装类、食品类、化妆品、艺术品的金额分别占总金额的21.52%、17.89%、20.76%、9.56%、30.27%。

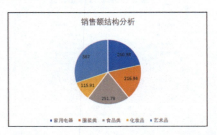

从销售额结构分析饼图可以更加直观形象地看出各部分金额占总金额的比重。

数据分析中的其他分析方法,如分组分析法、平均分析法、综合评价分析法,读者可以自行通过网络自学。

8.1.2 分析水果销售情况

在销售分析中,经常需要使用对比分析的方法。对比分析实际销售额与目标销售额的差异,并通过实际销售额和目标销售额来计算完成率。

STEP3 单击【确定】按钮，即可在当前工作簿中插入一个新的工作表，并创建一个数据透视表的基本框架，同时会自动打开【数据透视表字段】任务窗格。

STEP1 打开本实例的原始文件，选中数据区域中的任意一个单元格，❶切换到【插入】选项卡，❷单击【表格】组中的【数据透视表】按钮。

STEP4 在【数据透视表字段】任务窗格中的字段列表中依次选中【商品名称】【目标销售额】【实际销售额】，系统自动将【商品名称】添加到【行】区域，【目标销售额】和【实际销售额】添加到【值】区域，至此，关于实际销售额与目标销售额对比的数据透视表就制作完成了。

STEP2 弹出【创建数据透视表】对话框，系统默认选择"销售统计表"中的所有数据为数据源。

STEP5 接下来计算"完成率"。❶切换到【数据透视表分析】选项卡，❷在【计算】组中单击【字段、项目和集】按钮，❸在弹出的下拉列表中选择【计算字段】选项。

STEP6 弹出【插入计算字段】对话框，在【名称】文本框中输入"完成率"，在【公式】文本框中输入"="，在【字段】列表框中选中【实际销售额】，单击【插入字段】按钮，然后输入"/"，在【字段】列表框中选中【目标销售额】，单击【插入字段】按钮。

STEP7 单击【确定】按钮，返回透视表，即可看到数据透视表中已经添加了一个新的字段"求和项：完成率"。

STEP8 默认显示的完成率的数字格式不是百分比的形式，需要修改一下，方法如下。选中数据区域D4:D7，切换到【开始】选项卡，在【数字】组中单击【百分比】按钮 ，即可将选中区域的数字格式设置为百分比形式。

通过计算完成率，读者可以看出在这几种进口水果中，进口车厘子的实际销售额和完成率都没有进口香蕉和进口莲雾高，由此分析可知，在制订下一步的销售目标时，应考虑适当减少进口车厘子的销售额，加大进口香蕉和进口莲雾的销售额。

8.1.3 借助切片器制作有筛选功能的图表

通过数据透视表我们对各种水果的销售情况有了大致了解，为了更加直观地展现各种水果的销售完成情况，可以制作数据透视图。

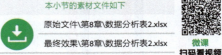

STEP1 打开本实例的原始文件，选中数据透视表中的任意一个单元格，❶切换到【数据透视表分析】选项卡，❷单击【工具】组中的【数据透视图】按钮。

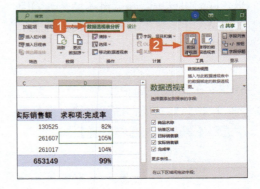

STEP2 弹出【插入图表】对话框，❶在【所有图表】中选择【柱形图】，❷在右侧选择【簇状柱形图】选项，❸单击【确定】按钮。

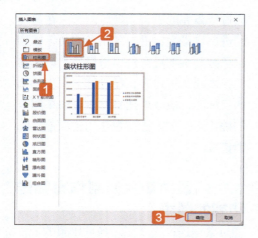

STEP3 插入一个簇状柱形图，效果如图所示。

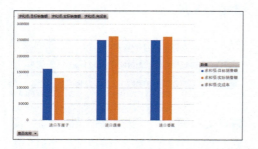

可以看到，由于完成率的数值相对销售额来说非常小，所以在图表中显示不出来，此时可以更改完成率数据系列的图表类型和坐标轴的方式，使其正常显示在图表中。

STEP4 在图表中选中任意一个数据系列，单击鼠标右键，在弹出的快捷菜单中选择【更改系列图表类型】选项。

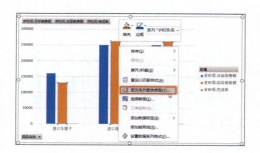

STEP5 弹出【更改图表类型】对话框，在【为您的数据系列选择图表类型和轴】列表框中，将【求和项：完成率】的图表类型更改为【带数据标记的折线图】，并选中【次坐标轴】复选框。

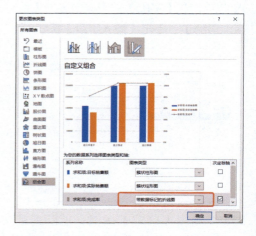

STEP6 单击【确定】按钮，返回图表，即可看到完成率已经显示在图表中。

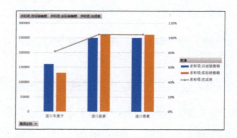

STEP7 在上图中可以清楚地看到实际销售额与目标销售额之间的差异，但是具体的完成率却看不出来，为此，可以为完成率添加数据标签。在"完成率"数据系列上单击鼠标右键，在弹出的快捷菜单中选择【添加数据标签】选项。

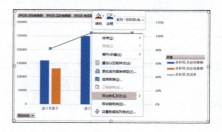

STEP8 可以看到为"完成率"数据系列添加数据标签的效果。

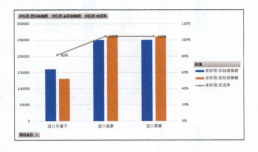

通过数据透视图，用户可以直观地看出各种水果的实际销售额与目标销售额之间的差异，也可以通过完成率看出各种水果的销售完成情况。

在当前数据透视图中只可以看到各种水果总的销售完成情况，看不到各个销售地区内各种水果的销售完成情况，此时，可以在当前工作表中根据数据透视表（图）插入一个切片器，这样用户就可以很方便地查看各地区不同水果的销售完成情况了。

STEP9 ①切换到【数据透视图分析】选项卡，②在【筛选】组中单击【插入切片器】按钮。

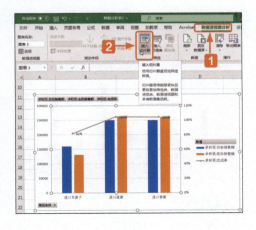

STEP10 弹出【插入切片器】对话框，①勾选【销售区域】复选框，②单击【确定】按钮。

STEP11 可以看到插入了切片器，效果如下图所示。

STEP12 默认情况下，切片器是选中所有销售区域的，数据透视表和数据透视图中的数据如下图所示。

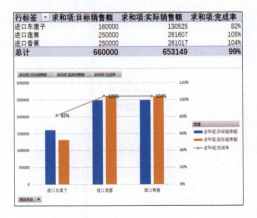

STEP13 若用户只想查看北京地区的销售完成情况,可以直接在切片器中单击"北京"地区,数据透视表和数据透视图都会随之变化。

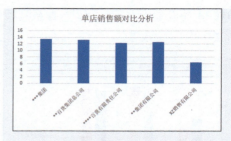

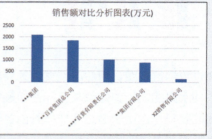

8.2 企业销售对比分析

对比分析对产品销售情况分析起着很重要的作用,通过对比分析,用户可以了解企业在行业中的地位。企业也可以通过对比分析及时了解业务员的表现、产品的销售情况,或是促销手段的优缺点。

效果展示

8.2.1 对比分析介绍

对比分析也称比较分析,是把客观事物加以比较,以达到认识事物的本质和规律,并做出正确的评价。

1. 横向对比

横向对比是指对空间上同时并存的事物的既定状态进行对比,也就是同一时间条件下对不同指标的对比。例如,2020年公司每个业务员的销售数据的对比。通过横向对比,可以对同类事物的优劣有更加明晰的了解,有助于公司的决策。

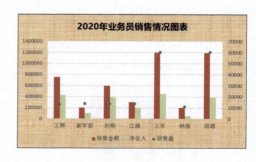

2. 纵向对比

纵向对比是一种常用的对比方法,就是

将同一个研究总体在不同时期的数据进行对比,以研究事物的发展方向、速度快慢、发展趋势、周期特征。纵向对比已经被广泛使用且方法简单,是重要的对比方法之一。例如,2019年和2020年公司销售数据的对比。

8.2.2 销售总额对比

本实例的素材文件如下
原始文件\第8章\本企业销售额对比分析.xlsx
最终效果\第8章\本企业销售额对比分析.xlsx

微课 扫码看视频

1. 收集数据

要对企业与同行业其他企业进行对比分析,首先需要收集数据。收集企业的销售额数据很容易,对于本企业而言,只需要向相关部门,例如信息部直接获取即可。而其他企业的数据,则可以通过相关网站获取,对网站上收集的数据加以整理,即可得到想要的数据。下面分析企业2020年销售额情况,并将之与百强企业中同行业的销售额进行对比。

通过企业内部各部门获取企业2020年的销售业绩和门店数量,如下图所示。

用户可以访问中国连锁经营管理协会官方网站下载百强企业同行业前十企业的相关数据。

2. 对比分析

接下来将该企业与同行业企业的数据进行对比,制作销售额对比分析图表。

STEP1 打开本实例的原始文件,如下图所示。

	A	B	C	D
1	序号	企业名称	销售金额(万元)	门店数
2	1	***集团	2090	155
3	2	**百货集团总公司	1856	140
4	3	****百货有限责任公司	1010	82
5	4	**集团有限公司	880	70
6	5	XZ销售有限公司	168	26

STEP2 选中单元格B1,**1**切换到【插入】选项卡,**2**单击【图表】组中的【柱形图】按钮,**3**从弹出的下拉列表中选择【簇状柱形图】选项。

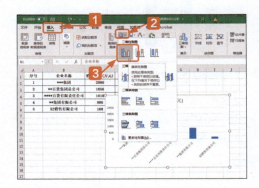

STEP3 可以在工作表中插入一个簇状柱形图,效果如下图所示。

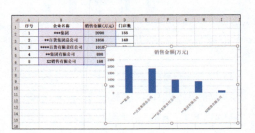

STEP4 将图表标题修改为"销售额对比分析图表(万元)",效果如下图所示。

STEP5 计算单店平均销售额。在单元格E1中输入"单店销售额",选中单元格E2,输入公式"=C2/D2",并向下填充公式。

STEP6 按【Ctrl】键,选中单元格区域B1:E6,插入一个簇状柱形图,将图表标题修改为"单店销售额对比分析",效果如下图所示。

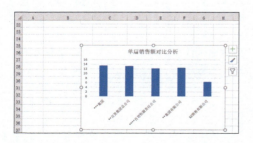

通过对比图表,可以看出XZ销售有限公司与同行业中企业相比,不论是销售总额还是单店销售额都存在差距,企业要想提高在行业中的地位,需要循序渐进,提高销售能力,从而使企业逐步壮大起来。

8.2.3 按业务员进行对比分析

下面对2020年业务员的销售情况进行对比,具体操作步骤如下。

本小节的素材文件如下
原始文件\第8章\个人销售统计.xlsx
最终效果\第8章\个人销售统计.xlsx
微课 扫码看视频

STEP1 打开本实例的原始文件,选中单元格区域A1:D8,切换到【插入】选项卡,在【表格】组中单击【柱形图】按钮,从弹出的下拉列表中选择【簇状柱形图】选项。

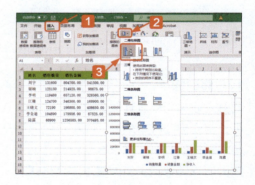

STEP2 插入簇状柱形图,调整图表的大小,效果如下图所示。

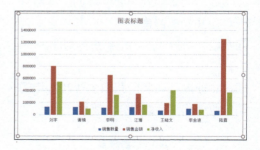

STEP3 选中图表,切换到【图表设计】选项卡,在【图片样式】组中单击【快

速样式】按钮，在弹出的下拉列表中选择【样式16】选项。

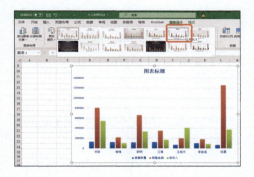

STEP4 选中图表，如果图表上方没有标题，则 1 单击图表右侧的【图表元素】按钮，2 然后在弹出的下拉列表中单击【图表标题】右侧的下拉按钮，3 在弹出的列表框中选择【图表上方】选项。

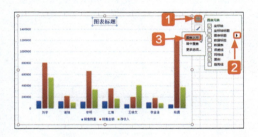

STEP5 在图表中添加一个文本框，输入图表标题"2020年业务员销售情况图表"，并设置图表标题的字体格式。

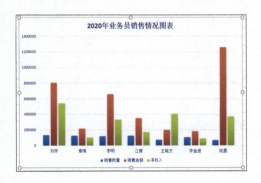

STEP6 从上图中可以看出，"销售数量"系列与"销售金额"系列的数值差距较大，"销售数量"系列显示不明显，此处可以更改"销售数量"系列的图表类型。1 切换到【图表设计】选项卡，2 在【类型】组中单击【更改图表类型】按钮。

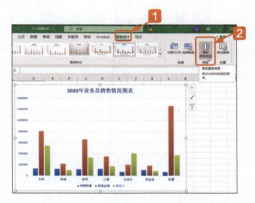

STEP7 弹出【更改图表类型】对话框，在【为您的数据系列选择图表类型和轴】组合框中，将【销售数量】的图表类型设置为【散点图】，并勾选【次坐标轴】复选框。

STEP8 单击【确定】按钮，可以看到"销售数量"系列的图表类型更改为散点图，并且增加了次要横坐标轴和次要纵坐标轴。

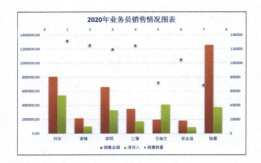

从上述图表中可以清楚地看出，销售部各业务员2020年全年的销售数量、销售金额以及净收入。销售金额高的员工，其销售数量不一定大，例如业务员陆露，分析其原因发现，这是由于陆露所销售的产品的单价高。销售金额低的员工，其净收入不一定低，例如业务员刘宇，这是由于刘宇所销售的产品的销售单价与采购单价之间的差值大、毛利高。

8.3 份额结构分析

份额结构分析是指计算出本企业某种产品的市场销售量占该市场同种商品总销售量的份额，以了解市场需求及本企业所处的市场地位。

下面我们对2020年心心百货公司中家用电器类销售额在本市家用电器类销售总额中所占份额进行分析。

 本小节的素材文件如下
原始文件\第8章\份额结构分析表.xlsx
最终效果\第8章\份额结构分析表.xlsx

微课 扫码看视频

STEP1 打开本实例的原始文件，选中单元格B4，输入公式"=B2-B3"。

STEP2 输入完毕，按【Enter】键即可显示出计算结果。

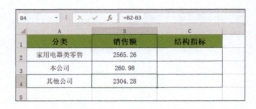

STEP3 选中单元格C3，在其中输入公式"=B3/$B$2"。

STEP4 输入完毕，按【Enter】键即可显示计算结果，将公式填充到单元格C4中。

STEP5 选中单元格C3和C4，切换到【开始】选项卡，单击【字体】组右下角的【对话框启动器】按钮。弹出【设置单元格格式】对话框，❶切换到【数字】选项卡，❷在【分类】列表框中选择【百分比】选项，❸在【小数位数】微调框中输入"2"，❹然后单击【确定】按钮。

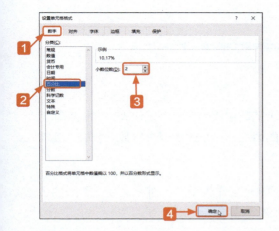

STEP6 返回Excel工作表，效果如下图所示。

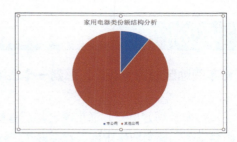

STEP9 显示数据标签。在饼图上单击鼠标右键，在弹出的快捷菜单中单击【添加数据标签】选项。

STEP7 用图表可以更直观地体现家电类销售份额，选中单元格区域A3:A4、C3:C4，① 切换到【插入】选项卡，在【图表】组中，② 单击【饼图】按钮，③ 从弹出的下拉列表中的【二维饼图】组合框中选择【饼图】选项。

STEP10 添加完成后，对其字体进行设置。

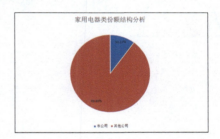

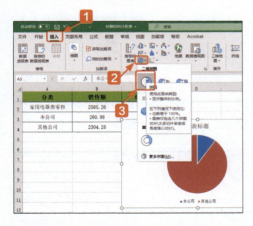

STEP11 单击图表，切换到【图表设计】选项卡，单击【更改颜色】按钮，在弹出的下拉列表中选择一种单色。

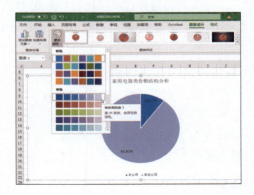

STEP8 在标题框中输入图表标题"家用电器类份额结构分析"，然后调整标题的字体、字号等，效果如右上图所示。

职场拓展

将不同地区的销售数据汇总到一个表中

在做数据分析时，通常需要将所有参与分析的数据集中在一个工作表中。但实际工作中可能会遇到原始数据保存在多个工作表中的情况，这个时候要进行数据分析，就需要先把数据汇总到一起。

下面展示了一个将不同地区销售数据分布于4个工作表中的工作簿文件。不同地区销售的产品有相同的，也有不同的，销售数据则各不相同。

微课
扫码看视频

如果希望通过这些明细数据汇总得到一张各产品的全部地区销售数据表，使用公式来计算显然有点麻烦。这时，可以借助Excel的"合并计算"功能，操作方法如下。

STEP1 打开素材文件"汇总表.xlsx"，选中"汇总"工作表的A1单元格，这是一张空白工作表，将用于存放汇总数据。单击【数据】选项卡中的【合并计算】按钮。

STEP2 在弹出的【合并计算】对话框中，将光标定位到【引用位置】文本框中，然后选中"上海"工作表的单元格区域A1:C5，再返回【合并计算】对话框中单击【添加】按钮。

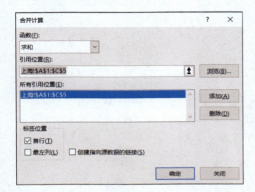

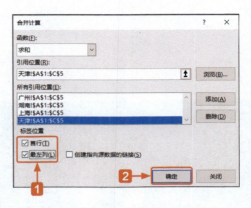

STEP3 重复STEP2中的操作，依次添加"广州""湖南""天津"工作表中的数据区域。❶勾选【首行】和【最左列】复选框，❷最后单击【确定】按钮。

STEP4 得到的汇总结果如下图所示。"合并计算"功能以原表格的最左列为分类项，自动按"数量"和"金额"进行了分类汇总。

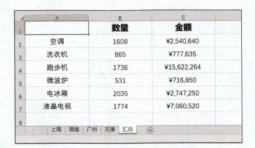

第 9 章
函数与公式的应用

除了可以制作一般的表格，Excel还具有强大的计算能力。熟练使用Excel公式与函数可以大大提高数据处理与分析的效率。

本章配套的教学资源中有相关的素材文件，请读者参见资源中的【本书素材】文件夹。

9.1 销售数据分析表

在每个月或半年的时间内，公司都会对某些数据进行分析。接下来通过"销售数据分析"介绍怎样利用公式进行数据分析。

通过公式计算"完成率"

9.1.1 输入公式

在表格中输入公式的方法有两种，用户既可以在单元格中输入公式，也可以在编辑栏中输入。

本小节的素材文件如下
原始文件\第9章\销售数据分析.xlsx
最终效果\第9章\销售数据分析.xlsx
微课 扫码看视频

STEP1 打开本实例的原始文件，选中单元格D3，输入公式"=B3/C3"（此处输入的公式有误，会在9.1.2小节修改正确）。

STEP2 输入完毕，直接按【Enter】键即可。

9.1.2 编辑公式

输入公式后，用户还可以对其进行编辑，主要包括修改公式、复制公式和显示公式。

本小节的素材文件如下
原始文件\第9章\销售数据分析 1.xlsx
最终效果\第9章\销售数据分析 1.xlsx
微课 扫码看视频

1. 修改公式

STEP1 双击要修改公式的单元格D3，此时公式进入修改状态。

STEP2 输入修改公式"=C3/B3"，修改完毕，直接按【Enter】键即可。

2.复制公式

用户既可以复制单个公式，也可以通过快速填充的方式批量复制公式。

STEP1 复制单个公式。选中要复制公式的单元格D3，然后按【Ctrl】+【C】组合键。

STEP2 选中公式要复制到的单元格D4，然后按【Ctrl】+【V】组合键。

STEP3 快速填充公式。选中要复制公式的单元格D4，然后将鼠标指针移动到单元格的右下角，此时，鼠标指针变成 ✚ 形状。

STEP4 按住鼠标左键不放，向下拖曳鼠标指针到单元格D7，释放鼠标左键，此时公式就填充到选中的单元格区域。

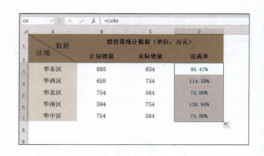

3.显示公式

显示公式的方法主要有两种，一种是直接双击包含公式的单元格；另一种是单击【显示公式】按钮，显示表格中的所有公式。第2种方法的具体操作步骤如下。

STEP1 选中单元格区域D3:D7，❶切换到【公式】选项卡，❷单击【公式审核】组中的【显示公式】按钮。

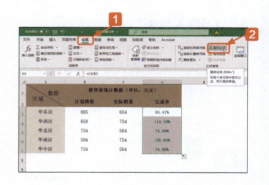

STEP2 此时，工作表中的所有公式都显示出来了。如果要取消显示，再次单击【公式审核】组中的【显示公式】按钮即可。

第9章 ■ 函数与公式的应用

技巧　保护和隐藏工作表中的公式

当Excel工作表中的公式不希望其他人看到时，可以将公式隐藏起来。隐藏公式后，选择该单元格时，公式将不会在编辑栏中出现，从而保护单元格中的公式。下面介绍在Excel工作表中隐藏公式的具体操作步骤。

关于本技巧的详细操作步骤，可以扫码观看。

微课
扫码看视频

STEP1 在工作表中选中需要隐藏公式的单元格，**1** 切换到【开始】选项卡，**2** 单击【单元格】组中的【格式】按钮，**3** 在弹出的下拉列表中单击【设置单元格格式】选项，如下图所示。

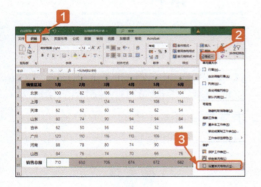

STEP2 打开【设置单元格格式】对话框，**1** 在【保护】选项卡中勾选【隐藏】复选框，如右上图所示，**2** 完成设置后，单击 按钮关闭该对话框。

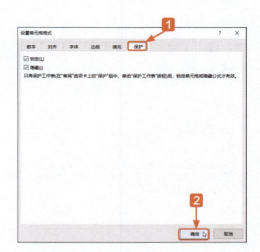

STEP3 **1** 切换到【审阅】选项卡，**2** 单击【保护】组中的【保护工作表】按钮。

STEP4 弹出【保护工作表】对话框，**1** 在"取消工作表保护时使用的密码"文本框中输入密码"123456"，**2** 然后单击 确定 按钮关闭该对话框。

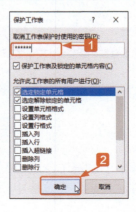

199

STEP5 此时将打开【确认密码】对话框，❶在【重新输入密码】文本框中再次输入密码，❷单击 确定 按钮。

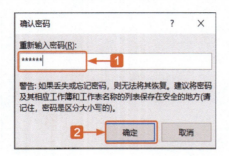

STEP6 返回Excel工作表，此时选择有公式的单元格，编辑栏中将不再显示公式，效果如下图所示。

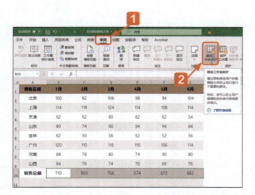

STEP7 如果要撤销对工作表公式的保护，可以在❶【审阅】选项卡中❷单击【撤销工作表保护】按钮。

STEP8 弹出【撤销工作表保护】对话框，❶在"密码"文本框中输入密码

"123456"，❷单击 确定 按钮关闭对话框。

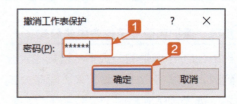

STEP9 撤销对工作表的保护后的效果如下图所示。

9.2 销项税额及销售排名

增值税纳税人发生应税销售行为（如销售货物）时，按照销售额和适用税率计算并向购买方收取的增值税税额，称为销项税额。下面通过业务员销售情况表来具体学习单元格的引用和名称的使用，进行销项税额及销售总额排名。

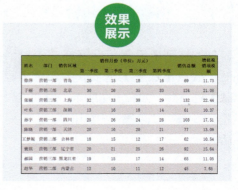

9.2.1 单元格的引用

单元格的引用包括绝对引用、相对引用和混合引用3种。

1. 相对引用和绝对引用

单元格的相对引用是针对包含公式和引用的单元格的相对位置而言的。如果公式所在单元格的位置发生改变，公式中引用的单元格也随之改变；如果多行或多列地复制公式，公式中的引用会自动调整。默认情况下，公式使用相对引用。

单元格中的绝对引用则总是在指定位置引用单元格（如$F$3）。如果公式所在单元格的位置发生改变，公式中的绝对引用的单元格始终保持不变；如果多行或多列地复制公式，公式中的绝对引用将不作调整。使用相对引用和绝对引用计算增值税销项税额的具体步骤如下。

STEP1 打开本实例的原始文件，选中单元格I6，在其中输入公式"=E6+F6+G6+H6"，此时相对引用了公式中的单元格E6、F6、G6、H6。

STEP2 输入完毕按【Enter】键，选中单元格I6，将单元格I6中的公式不带格式地填充到单元格区域I7:I15中。

STEP3 复制公式时，随着公式所在单元格位置的改变，公式中引用的单元格也随之改变。

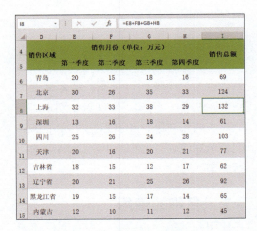

STEP4 选中单元格J6，在其中输入公式"= I6*$J$2"，此时使用了引用$J$2。

STEP5 按【Enter】键，完成输入。将单元格J6中的公式不带格式地填充到单元格区域J7:J15中。

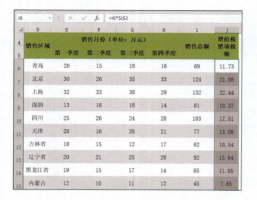

STEP6 此时，公式中的J2使用了绝对引用。当复制公式时，公式中的绝对引用将不作调整；如果公式所在单元格的位置发生改变，公式中的绝对引用的单元格J2始终保持不变。

2. 混合引用

在复制公式时，如果要求行不变但列可变，或者列不变而行可变，那么就要用到混合引用。例如，$A1表示对A列的绝对引用和对第1行的相对引用，而A$1则表示对第1行的绝对引用和对A列的相对引用。

9.2.2 名称的使用

在使用公式的过程中，用户有时候还可以引用单元格名称参与计算。通过给单元格或单元格区域以及常量等定义名称，会比引用单元格位置更加直观、更加容易理解。接下来使用名称和RANK函数对销售数据进行排名。

原始文件\第9章\业务员销售情况1.xlsx
最终效果\第9章\业务员销售情况1.xlsx

微课
扫码看视频

RANK函数用来返回一个数值在一组数值中的排名。

其语法格式：RANK(number,ref,order)。

参数number是需要计算其排名的一个数据。ref是包含一组数字的数组或引用（其中的非数值型参数将被忽略）。order为一个数字，指明排名的方式。如果order为0或省略，则按降序排列的数据清单进行排名；如果order不为0，则按升序排列的数据清单进行排名。注意：RANK函数为数据区域中的重复值赋予相同的排名，重复数值的存在将影响后续数值的排名。

1. 定义名称

定义名称，顾名思义，就是为一个区域、常量值或者数组定义一个名称，在编写公式时可以方便地用所定义的名称。

STEP1 打开本实例的原始文件，选中单元格区域I6:I15，❶切换到【公式】选项卡，❷在【定义名称】组中单击【定义名称】按钮右侧的下拉按钮，❸在弹出的下拉列表中单击【定义名称】选项。

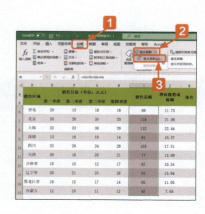

STEP2 弹出【新建名称】对话框，在【名称】文本框中输入"销售总额"。

STEP3 单击 [确定] 按钮，返回Excel工作表，效果如下图所示。

2. 应用RANK函数计算排名

STEP1 选中单元格K6，在其中输入公式"=RANK(I6,销售总额)"。该函数表示"返回单元格I6中的数值在数组'销售总额'中的降序排名"。

STEP2 选中单元格K6，将鼠标指针移动到该单元格的右下角，此时鼠标指针

变成 + 形状，然后按住鼠标左键不放，向下拖曳指针到单元格K15，释放鼠标左键，此时公式就填充到选中的单元格区域中。对销售额进行排名后的效果如下图所示。

9.3 员工信息表

整理公司员工的个人相关信息资料，可以借助函数来完成。下面通过"员工信息表"来学习文本函数及日期与时间函数的使用。

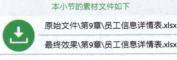

9.3.1 文本函数

文本函数是指可以在公式中处理字符串的函数。

本小节的素材文件如下
原始文件\第9章\员工信息详情表.xlsx
最终效果\第9章\员工信息详情表.xlsx

203

1. LEFT函数

LEFT函数的语法格式：LEFT(text, num_chars)。

参数text指文本，是从中提取字符的字符串；参数num_chars是想要提取的字符个数。

STEP1 打开本实例的原始文件，选中单元格D2，输入公式“=LEFT(C2,4)”。

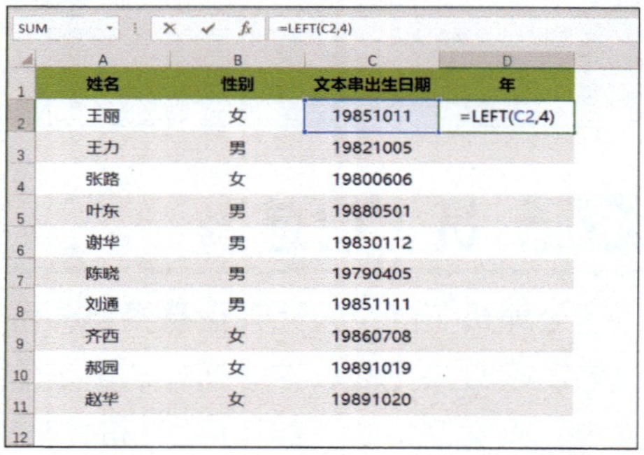

SUM　=LEFT(C2,4)

	A	B	C	D
1	姓名	性别	文本串出生日期	年
2	王丽	女	19851011	=LEFT(C2,4)
3	王力	男	19821005	
4	张路	女	19800606	
5	叶东	男	19880501	
6	谢华	男	19830112	
7	陈晓	男	19790405	
8	刘通	男	19851111	
9	齐西	女	19860708	
10	郝园	女	19891019	
11	赵华	女	19891020	
12				

STEP2 按【Enter】键，即可看到提取的年份。将公式不带格式地填充到单元格区域D3:D11中，效果如下图所示。

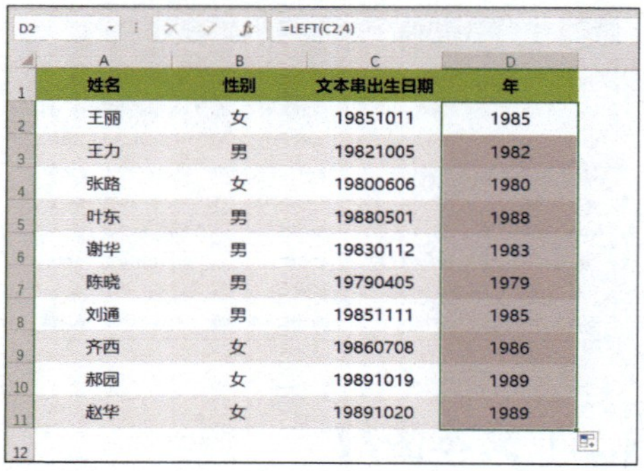

D2　=LEFT(C2,4)

	A	B	C	D
1	姓名	性别	文本串出生日期	年
2	王丽	女	19851011	1985
3	王力	男	19821005	1982
4	张路	女	19800606	1980
5	叶东	男	19880501	1988
6	谢华	男	19830112	1983
7	陈晓	男	19790405	1979
8	刘通	男	19851111	1985
9	齐西	女	19860708	1986
10	郝园	女	19891019	1989
11	赵华	女	19891020	1989
12				

2. MID函数

MID函数的语法格式：MID(text, start_num, num_chars)。

参数text是从中提取字符的字符串；参数star_num表示要从第几个字符开始提取；参数num_chars是要提取的字符个数。

STEP1 在原始文件中插入“月”列。选中单元格E2，输入公式“=MID(C2,5,2)”。此公式表示从出生日期这个字符串的第5位开始提取字符，共提取2个字符。

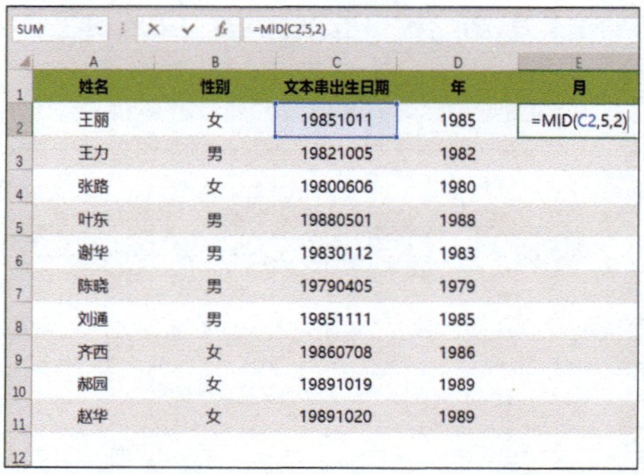

SUM　=MID(C2,5,2)

	A	B	C	D	E
1	姓名	性别	文本串出生日期	年	月
2	王丽	女	19851011	1985	=MID(C2,5,2)
3	王力	男	19821005	1982	
4	张路	女	19800606	1980	
5	叶东	男	19880501	1988	
6	谢华	男	19830112	1983	
7	陈晓	男	19790405	1979	
8	刘通	男	19851111	1985	
9	齐西	女	19860708	1986	
10	郝园	女	19891019	1989	
11	赵华	女	19891020	1989	
12					

STEP2 按【Enter】键，即可看到提取的月份。将公式不带格式地填充到单元格区域E3:E11中，效果如下图所示。

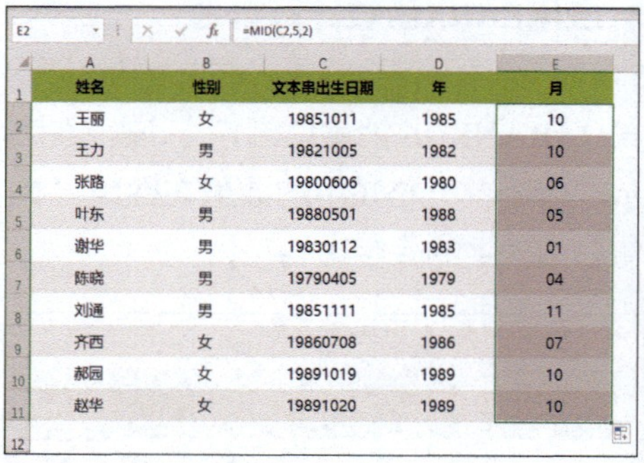

E2　=MID(C2,5,2)

	A	B	C	D	E
1	姓名	性别	文本串出生日期	年	月
2	王丽	女	19851011	1985	10
3	王力	男	19821005	1982	10
4	张路	女	19800606	1980	06
5	叶东	男	19880501	1988	05
6	谢华	男	19830112	1983	01
7	陈晓	男	19790405	1979	04
8	刘通	男	19851111	1985	11
9	齐西	女	19860708	1986	07
10	郝园	女	19891019	1989	10
11	赵华	女	19891020	1989	10
12					

3. RIGHT函数

RIGHT函数的语法格式：RIGHT(text, num_chars)。

其中，参数text指文本，是从中提取字符的字符串；参数num_chars是想要提取的字符个数。

STEP1 在原始文件中插入"日"列。选中单元格F2，输入公式"=RIGHT(C2,2)"。

STEP2 按【Enter】键，即可看到提取的日期。将公式不带格式地填充到单元格区域F3:F11中，效果如下图所示。

4.TEXT函数

TEXT函数的功能是将数值转换为指定数字格式的文本。

其语法格式：TEXT(value,format_text)。

参数value为数值、计算结果为数字值的公式，或对包含数字值的单元格的引用；参数format_text为"设置单元格格式"对话框中"数字"选项卡上"分类"框中的文本形式的数字格式。

STEP1 在原始文件中插入"规范日期"列。选中单元格G2，输入公式"=TEXT(C2,"#-00-00")"。

STEP2 按【Enter】键，即可看到格式规范的日期信息。将公式不带格式地填充到单元格区域G3:G11中，效果如下图所示。

5.UPPER函数

UPPER函数的功能是将文本中的所有英文字母转换成大写字母形式。

其语法格式：UPPER（text）。

接下来结合提取字符函数和转换大小写函数编制"公司员工信息表"，并根据身份证号码计算员工的出生日期、年龄等。具体的操作步骤如下。

STEP1 打开本实例的原始文件，选中单元格B1，❶切换到【公式】选项卡，❷单击【函数库】组中的【插入函数】按钮。

STEP2 弹出【插入函数】对话框，①在【或选择类别】下拉列表中选择【文本】选项，②然后在【选择函数】列表框中选择【UPPER】选项，③单击 确定 按钮。

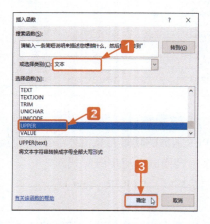

STEP3 弹出【函数参数】对话框，在【Text】文本框中将参数引用设置为单元格"A2"。

STEP4 设置完毕，单击 确定 按钮，返回Excel工作表，此时计算结果中的字母变成了大写。

STEP5 选中单元格B2，将鼠标指针移动到该单元格的右下角，将单元格B2中的公式不带格式地填充到单元格区域B3:B11中。

6. YEAR函数

YEAR函数的语法格式：YEAR(serial_number)。

YEAR函数只有一个参数serial_number，即要提取年份的一个日期值。

STEP1 选中单元格G2，然后输入函数公式"= YEAR(NOW())-MID(F2,7,4)"，按【Enter】键。该公式表示"当前年份减去出生年份，从而得出年龄"。

STEP2 将单元格G2的公式不带格式地填充到单元格区域G3:G11中。

9.3.2 日期与时间函数

日期与时间函数是处理日期型或日期时间型数据的函数，常用的日期与时间函数包括DATE、DAY、DAYS360、MONTH、NOW、TODAY、YEAR、HOUR、WEEKDAY等函数。

本实例的素材文件如下
原始文件\第9章\公式.xlsx
最终效果\第9章\公式.xlsx
微课 扫码看视频

1. DATE函数

DATE函数的功能是返回代表特定日期的序列号。

其语法格式：DATE(year,month,day)。

选中B2单元格，在编辑栏输入公式"=DATE(2020,8,A2)"，按【Enter】键确定，即可计算出2020年8月第32天对应的日期。

2. NOW函数

NOW函数的功能是返回当前的日期和时间。

其语法格式：NOW()。

3. DAY函数

DAY函数的功能是返回用序列号（整数1~31）表示的某日期的天数。

其语法格式：DAY(serial_number）。

参数serial_number表示要查找的日期天数。

例如，在Excel表中单元格里输入公式"=DAY(DATE(2020,3,0))"。

要求出2月的最大天数，可以求2020年3月0日的值，虽然0日不存在，但DATE函数可以接受此值，根据此特性，便会自动返回3月0日的前一数据的日期。

4. DAYS360函数

DAYS360函数是重要的日期与时间函数之一，函数功能是按照一年360天计算的（每个月以30天计，一年共计12个月），返回值为两个日期之间相差的天数。该函数在一些会计计算中经常用到。如果财务系统基于一年12个月，每月30天，则可用此函数帮助计算支付款项。

其语法格式：DAYS360(start_date,end_date,method)。

	A	B
1	日期	公式
2	2020/1/1	27
3	2020/4/1	209
4	2020/4/28	117
5	2020/7/30	

公式	说明（结果）
=DAYS360(A3,A4)	按照一年360天的算法，返回2017-4-1与2017-4-28之间的天数。（27）
=DAYS360(A2,A5)	按照一年360天的算法，返回2017-1-1与2017-7-30之间的天数。（209）
=DAYS360(A2,A4)	按照一年360天的算法，返回2017-1-1与2017-4-28之间的天数。（117）

5．MONTH函数

MONTH函数是一种常用的日期函数，它能够返回以序列号表示的日期中的月份。

其语法格式：MONTH(serial_number)。

6．WEEKDAY函数

WEEKDAY函数的功能是返回某日期的星期数。在默认情况下，它的值为1（星期天）~7（星期六）之间的一个整数。

其语法格式：WEEKDAY(serial_number,return_type)。

7．TODAY函数

TODAY函数的功能为返回日期格式的当前日期。

其语法格式：TODAY()。

结合时间与日期函数在公司员工信息表

中计算当前日期、星期数具体的操作步骤如下。

STEP1 打开本实例的原始文件，选中单元格B1，输入公式"=TODAY()"然后按【Enter】键。该公式表示"返回当前日期"。

STEP2 选中单元格C1，输入公式"=WEEKDAY(B1)"，然后按【Enter】键。该公式表示"将日期转化为星期数"。

9.4 业绩奖金计算表

很多企业设置的月奖、季度奖和年终奖都是业绩奖金的典型形式，它们都是根据员工绩效评价结果发放给员工的绩效薪酬。下面通过"业绩奖金表"来具体学习函数的运用。

9.4.1 逻辑函数

逻辑函数是一种用于进行真假值判断或复合检验的函数。逻辑函数在日常办公中应用非常广泛，常用的逻辑函数包括AND、IF、OR等函数。

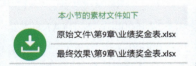

1. AND函数

AND函数的功能是扩大用于执行逻辑检验的其他函数的效用。

其语法格式：AND(logical1,logical2,…)。

其中，参数logical1是必需的，表示要检验的第一个条件，其计算结果可以为TRUE或FALSE；参数logical2为可选参数。所有参数的逻辑值均为真时，AND列数返回TRUE；只要一个参数的逻辑值为假，即返回FALSE。

	A	B	C	D
1	姓名	年龄	工龄	结论
2	王伟	45	25	TRUE
3	刘明	35	15	FALSE
4	张瑾	39	19	FALSE
5	马丽	40	20	TRUE

在D2单元格中录入公式"=AND(B2>=40,C2>=20)"，判断下面职工的年龄和工龄。

条件1是年龄大于或等于40，条件2是工龄大于或等于20。

当这两个条件都符合时,函数自动返回"TRUE"，当这两个条件有一个不符合时，函数自动返回"FALSE"。

2. OR函数

OR函数的功能是对公式中的条件进行连接。在其参数组中，任何一个参数的逻辑值为TRUE，OR函数即返回TRUE；所有参数的逻辑值为FALSE，才返回FALSE。

其语法格式：OR(logical1,logical2,…)。

参数必须能计算为逻辑值，如果指定区域中不包含逻辑值，OR函数返回错误值"#VALUE!"。

	A	B	C	D
1	姓名	销售业绩	理论知识	考核结果
2	王伟	70	88	通过
3	刘明	58	54	未通过
4	张瑾	66	80	通过
5	马丽	85	66	通过

本例使用OR函数来判断一组考评数据中是否有一个大于"60"，如果有，该员工就通过测试，否则即为未通过。选中D2单元格，在编辑栏输入公式"=IF(OR(B2>60,C2>60),"通过","未通过")"，按【Enter】键，即可判断B2、C2单元格中的值，只要其中有一项大于60，OR函数显示结果为"通过"，如果两项都小于60，OR函数显示结果为"未通过"。

3. IF函数

IF函数是一种常用的逻辑函数，其功能是执行真假值判断，并根据逻辑判断值返回结果。该函数主要用于根据逻辑表达式来判断指定条件，如果条件成立，则返回真条件下的指定内容；如果条件不成立，则返回假条件下的指定内容。

IF函数的语法格式：IF(logical_text,value_if_true,value_if_false)。

其中，参数logical_text代表带有比较运算符的逻辑判断条件；参数value_if_true代表逻辑判断条件成立时返回的值；参数value_if_false代表逻辑判断条件不成立时返回的值。IF函数可以嵌套64层，用参数value_if_false及参数value_if_true可以构造复杂的判断条件。在计算参数value_if_true和参数value_if_false后，IF函数返回相应语句执行后的返回值。

	A	B	C
1	姓名	销售业绩	考核结果
2	王伟	70	及格
3	刘明	58	不及格
4	张瑾	66	及格
5	马丽	85	及格

本例使用IF函数来判断一组成绩单，成绩低于60分是不及格，否则都是及格的，选中单元格C2，在编辑栏输入公式"=IF(B2>60,"及格","不及格")"，按【Enter】键，即可判断是否合格。

4. 计算奖金

例如，某公司业绩奖金的发放方法是小于50 000元的部分提成比例为3%，大于或等于50 000元且小于100 000元的部分提成比例为6%，大于或等于100 000元的部分提成比例为10%。奖金的计算公式：超额×提成率－累进差额。接下来介绍员工业绩奖金的计算方法。

STEP1 打开本实例的原始文件，切换到"奖金标准"工作表中，在这里可以了解业绩奖金的发放标准。

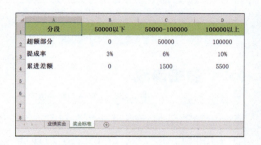

STEP2 切换到"业绩奖金"工作表中，选中单元格G2，输入公式"=IF(AND(F2>0,F2<=50000),3%,IF(AND(F2>50000,F2<=100000),6%,10%))"，输入完毕，按【Enter】键完成输入，然后将单元格G2中的公式向下填充到下面的单元格区域中。

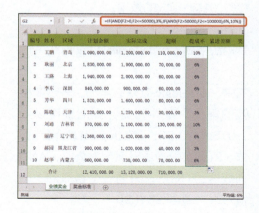

该公式表示"根据超额的多少返回提成率"，此处用到了IF函数的嵌套使用方法，然后使用单元格复制填充的方法计算其他员工的提成比例，如下图所示。

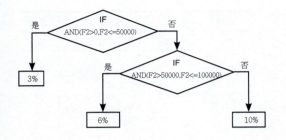

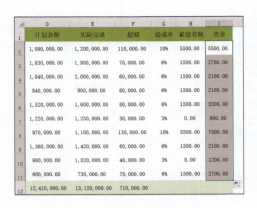

STEP3 选中单元格H2，输入公式"=IF(AND(F2>0,F2<=50000),0,IF(AND(F2>50000,F2<=100000),1500,5500))"，输入完毕按【Enter】键完成输入，然后将单元格H2中的公式向下填充到下面的单元格区域中。

9.4.2 数学与三角函数

数学与三角函数是指通过数学和三角函数进行简单的计算，例如对数字取整、计算单元格区域中的数值总和或其他复杂计算。常用的数学与三角函数包括INT、ROUND、SUM、SUMIF等函数。

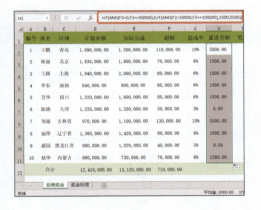

该公式表示"根据超额的多少返回累进差额"。同样再使用单元格复制填充的方法计算其他员工的累进差额，如下图所示。

1. INT函数

INT函数是常用的数学与三角函数，函数功能是将数字向下舍入到最接近的整数。INT函数的语法格式：INT(number)。

参数number表示需要进行向下舍入取整的实数。

选中单元格B2，输入公式"=INT(A1:A6)"，按【Enter】键，即可看到取整后的效果。

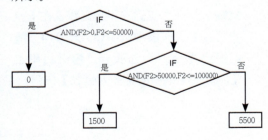

STEP4 选中单元格I2，并输入公式"=F2*G2-H2"，然后使用填充复制功能计算其他员工的奖金。

2. ROUND函数

ROUND函数的功能是按指定的位数对数值进行四舍五入。

其语法格式：ROUND(number,num_digits)。

参数number是指用于进行四舍五入的数字，参数不能是一个单元格区域。如果参数是数值以外的文本，则返回错误值"#VALUE!"。参数num_digits是指位数，按此位数进行四舍五入，位数不能省略。参数num_digits与ROUND函数返回值的关系如下表所示。

num_digits	ROUND函数返回值
>0	四舍五入到指定的小数位
=0	四舍五入到最接近的整数位
<0	在小数点的左侧进行四舍五入

3. SUM函数

SUM函数的功能是计算单元格区域中所有数值的和。

该函数的语法格式：SUM(number1,number2,number3,…)。

函数最多可指定255个参数，各参数之间用逗号分隔；当计算相邻单元格区域数值之和时，使用冒号指定单元格区域；参数如果是数值数字以外的文本，则返回错误值"#VALUE"。

	A
1	数据
2	-6
3	28
4	35
5	16
6	TRUE

示例	公式	说明	结果
1	=SUM(3,2)	将3和2相加	5
2	=SUM("5",15,TRUE)	将5、15和1相加（文本值"5"被转换为数字，逻辑值TRUE被转换成数字1）	21
3	=SUM(A2:A4)	将A2:A4单元格区域中的数相加	57

4. SUMIF函数

SUMIF函数的功能是根据指定条件对指定区域中符合条件的单元格求和。使用该函数可以在选中的范围内求与检索条件一致的单元格对应的合计范围的数值。

SUMIF函数的语法格式：SUMIF(range,criteria,sum_range)。

参数range表示用于条件判断的单元格区域。参数criteria为求和条件。参数sum_range表示需要求和的单元格区域。该参数忽略求和的单元格区域内包含的空白单元格、逻辑值或文本。
接下来介绍相关数学与三角函数的使用方法。

STEP1 打开本实例的原始文件，在【业绩奖金】工作表中选中单元格D14，**1** 切换到【公式】选项卡，**2** 然后单击【函数库】组中的【插入函数】按钮。

第9章 ■ 函数与公式的应用

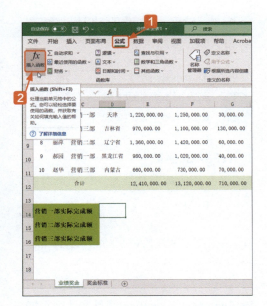

STEP2 弹出【插入函数】对话框，① 在【或选择类别】下拉列表中选择【数学与三角函数】选项，② 在【选择函数】列表框中选择【SUMIF】选项，③ 然后单击 确定 按钮。

STEP4 单击 确定 按钮，此时在单元格D14中会自动显示计算结果。

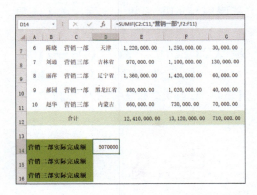

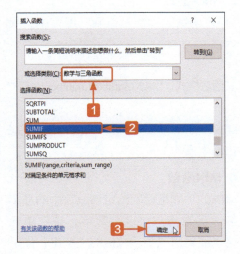

STEP5 选中单元格D15，使用同样的方法调出SUMIF函数，在弹出的【函数参数】对话框的 ①【Range】文本框中输入"C2:C11"，② 在【Criteria】文本框中输入""营销二部""，③ 在【Sum_range】文本框中输入"F2:F11"。

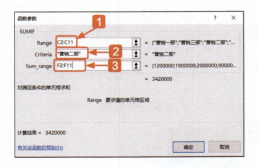

STEP3 弹出【函数参数】对话框，① 在【Range】文本框中输入"C2:C11"，② 在【Criteria】文本框中输入""营销一部""，③ 在【Sum_range】文本框中输入"F2:F11"。

STEP6 单击 确定 按钮，此时在单元格D15中会自动显示计算结果。

213

STEP7 选中单元格 D16，使用同样的方法调出 SUMIF 函数，在弹出的【函数参数】对话框的 ❶【Range】文本框中输入"C2:C11"，❷ 在【Criteria】文本框中输入""营销三部""，❸ 在【Sum_range】文本框中输入"F2:F11"。

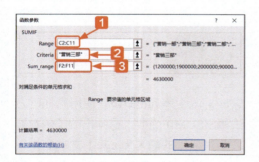

STEP8 单击 按钮，此时在单元格 D16 中会自动显示计算结果。

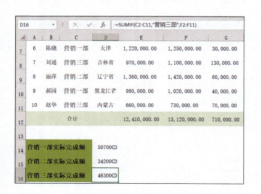

9.4.3 统计函数

统计函数是指用于对数据区域进行统计分析的函数。常用的统计函数有 AVERAGE、RANK 等。

1. AVERAGE 函数

AVERAGE 函数的功能是返回所有参数的算术平均值。

其语法格式：AVERAGE(number1,number2,…)。

参数 number1、number2 等是要计算平均值的 1～255 个参数。

2. RANK 函数

RANK 函数在 9.2.2 小节已经介绍过，此处不再赘述。

3. MAX 函数

MAX 函数的功能是返回一组值中的最大值。

其语法格式：MAX(number1,number2,…)。

参数 number1、number2 等是要从中找出最大值的 1～255 个数字。

4. MIN 函数

MIN 的功能是返回给定参数表中的最小值。函数参数可以是数字、空白单元格、逻辑值或表示数值的文字串，如果参数中有错误值或无法转换成数值的文字时，将引起错误。

其语法格式：MIN(number1,number2,…)。

其中，参数number1、number2等是要从中找出最小值的1~30个数字参数。

返回值A是给定参数表中的最小值，返回值B是参数表中最小值所在的下表位置。

5. 计算奖金和名次

接下来结合统计函数对员工的业绩奖金进行统计分析，并计算平均奖金，统计名次以及人数。具体的操作步骤如下。

STEP1 打开本实例的原始文件，在"业绩奖金"工作表中，选中单元格I15，输入公式"=AVERAGE(J2:J11)"。

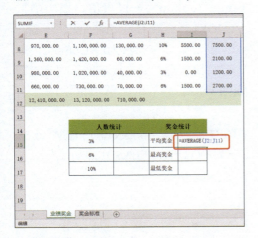

STEP2 按【Enter】键，在单元格I15中便可以看到计算结果。

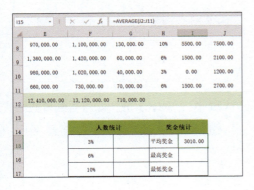

STEP3 选中单元格I16，并输入公式"=MAX(J2:J11)"，计算出最高奖金金额。

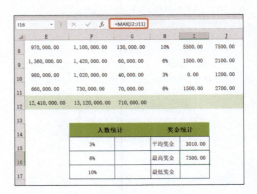

STEP4 选中单元格I17，并输入公式"=MIN(J2:J11)"，计算出最低奖金金额。

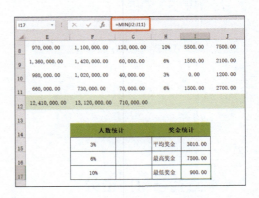

STEP5 选中单元格G15，并输入公式"=COUNTIF(H2:H11,3%)"，统计业绩奖金提成率为"3%"的人数。

STEP6 使用同样的方法还可以统计提成率分别为"6%"和"10%"的人数。

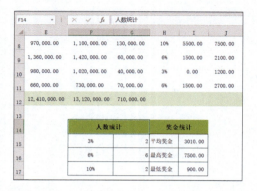

STEP7 统计排名名次。在单元格K2中输入公式"=RANK(J2,J$2:J$11)",按【Enter】键,然后使用单元格复制填充的方法得出员工的排名名次。

9.4.4 查找与引用函数

查找与引用函数用于在数据清单或表格中查找特定数值,或者查找某一单元格的引用。常用的查找与引用函数包括LOOKUP、HLOOKUP、VLOOKUP等函数。

1. VLOOKUP函数

VLOOKUP函数的功能是进行列查找,并返回当前行中指定的列的数值。

其语法格式:VLOOKUP(lookup_value,table_array,col_index_num,range_lookup)。

lookup_value为需要在数据区域的第一列中进行查找的数值。lookup_value可以为数值、引用或文本字符串。

table_array为需要在其中查找数据的数据区域。

col_index_num为table_array中查找数据的数据列序号。

range_lookup为一逻辑值,指明函数VLOOKUP查找时是精确匹配,还是近似匹配。如果该参数为FALSE或0,则返回精确匹配,如果找不到,则返回错误值 #N/A。

STEP1 选中单元格G3,输入公式"=VLOOKUP(F3,$B3:$D12,3,0)"。

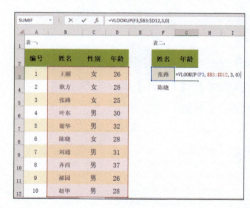

STEP2 按【Enter】键,即可看到查找结果,将公式填充到G4中,效果如图所示。

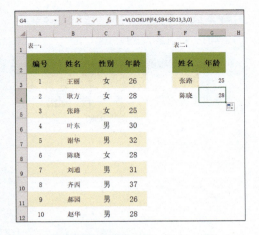

2. HLOOKUP函数

HLOOKUP函数的功能是进行行查找，在数据区域或数值数组的首行查找指定的数值，并在数据区域或数组中指定行的同一列中返回一个数值。当比较值位于数据区域的首行，并且要查找下面给定行中的数据时，使用HLOOKUP函数；当比较值位于要查找的数据左边的一列时，使用VLOOKUP函数。

其语法格式：HLOOKUP(lookup_value,table_array,row_index_num,range_lookup)。

lookup_value为需要在数据区域第一行中进行查找的数值。lookup_value可以为数值、引用或文本字符串。

table_array为需要在其中查找数据的数据区域。使用对区域或区域名称的引用。

row_index_num为table_array中待返回的匹配值的行序号。

range_lookup为一逻辑值，指明函数HLOOKUP查找时是精确匹配，还是近似匹配。如果该参数为TURE或者1，则返回近似匹配值。如果range_lookup为FALSE或0，函数HLOOKUP将查找精确匹配值，如果找不到，则返回错误值#N/A。如果省略range_lookup，则默认为0（精确匹配）。

STEP1 选中单元格C5，输入公式"=HLOOKUP(B5,$A$1:$F$2,2,0)"，计算马丽的销售业绩。

STEP2 将公式向下填充到单元格区域C6:C7中，效果如下图所示。

3. LOOKUP函数

LOOKUP函数的功能是从向量或数组中查找符合条件的数值。该函数有两种语法形式：向量和数组。向量形式是指从一行或一列的区域内查找符合条件的数值。向量形式的LOOKUP函数按照在单行区域或单列区域查找的数值，返回第二个单行区域或单列区域中相同位置的数值。数组形式是指在数组的首行或首列中查找符合条件的数值，然后返回数组的尾行或尾列中相同位置的数值。本例重点介绍向量形式的LOOKUP函数的用法。

其语法格式：LOOKUP(lookup_value,lookup_vector,result_vector)。

其中，参数lookup_value：在单行或单列区域内要查找的值，可以是数字、文本、逻辑值或者包含名称的数值或引用。

参数lookup_vector：指定的单行或单列的查找区域。其数值必须按升序排列，文本不区分大小写。

参数result_vector：指定的函数返回值的单元格区域。其大小必须与lookup_vector相同，如果lookup_value小于lookup_vector中的最小值，LOOKUP函数则返回错误值"#N/A"。

LOOKUP函数的特点是查询快速、应用广泛、功能强大，它既可以像VLOOKUP函数那样进行纵向查找，返回最后一列的数据，也可以像HLOOKUP那样进行横向查找，返回最后一行的数据。

STEP1 在表中已将数据表按姓名升序排列，选中单元格E2，输入公式"=LOOKUP(E1,A:B)"。

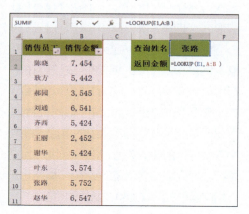

STEP2 按【Enter】键，返回Excel表格，可以看到查找的结果。

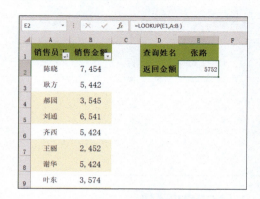

 秋叶私房菜

技巧1　VLOOKUP常见错误解决方法

在使用VLOOKUP函数时可能会遇到一些问题，例如，函数名称错误、值错误、引用错误、找不到数据等错误，下面我们就具体讲解一下常见错误的解决方法。

1. 函数名称错误

在使用函数公式时，通常可能出现名称错误的情况，例如，函数名称中的字符错了、漏了、多了、顺序错了，参数中多了不该有的标点符号。

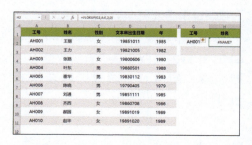

2. 值错误

在VLOOKUP中缺少返回值的参数时，就会出现该错误。

3. 引用错误

在使用函数公式时，当函数中所引用的位置不存在时，会导致该错误。

4. 找不到数据

使用函数公式时，不一定是公式出了问题，当输入完公式后，显示错误值#N/A，此错误值表示在匹配范围内找不到和查找对象匹配的数据。

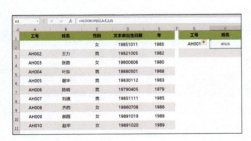

5. 解决方法

在使用函数公式时，一不小心就会出错，所以要注意以下几点。
①检查函数拼写和符号是否完全正确。
②检查每一个参数是否按要求填写。
③检查引用区域是否包含查找对象。
④数据源是否规范一致。

技巧2　用VLOOKUP函数返回多条查询结果

工作中，我们经常会查询符合条件的多个结果，例如，查询一个部门、联系方式、地址。

STEP1 打开原始文件，选中单元格B12，输入公式"=VLOOKUP($A12,$A$1:$E$8,MATCH(B$11,$A$1:$E$1,0),0)"。

STEP2 按【Enter】键即可看到查询结果。

STEP3 将单元格B12中的公式分别向右、向下拖曳，即可得出结果。

你问我答

Q: LOOKUP函数与MATCH函数的区别是什么？

MATCH函数在查找时和LOOKUP用法类似，最大区别是：LOOKUP函数是根据某个条件查找值，而MATCH函数是查找指定元素的位置。

MATCH函数有两方面的功能，两种操作都返回一个位置值。

一是确定区域中的一个值在一列中的准确位置，这种精确的查询与列表是否排序无关。二是确定一个给定值位于已排序列表中的位置，这不需要准确的匹配。

语法结构为：MATCH(lookup_value,lookup_array,match_type)。

参数lookup_value：要搜索的值。参数lookup_array：要查找的区域（必须是一行或一列）。参数match_type：匹配形式，有0、1和-1三种选择。如果是1或者忽略，查找区域的数据必须做升序排序。如果是-1，查找区域的数据必须做降序排序。如果是0，则可以是任意排序。一般情况下，我们将第三个参数设置为0，做精确匹配查找。以上的搜索，如果没有匹配值，则返回#N/A。

下面我们通过一个实例来看一下MATCH函数的实际应用。下面是员工3月的销售业绩表。

	A	B	C	D	E	F	G
1	员工编号	员工姓名	月度销售额	排名		查找排名	位置
2	SL001	严明宇	¥15,600.00	11		1	
3	SL002	钱夏雪	¥70,080.00	8			
4	SL003	魏香秀	¥70,200.00	7			
5	SL004	金思	¥144,300.00	2			
6	SL005	蒋琴	¥92,880.00	4			
7	SL006	冯万友	¥171,600.00	1			
8	SL007	吴倩倩	¥13,520.00	12			
9	SL008	戚光	¥80,240.00	5			

现在我们使用MATCH函数查找出排名第一的数据的位置，即查找F2(1)在区域$D$2:$D$13中的位置，因为区域内的数据是任意顺序，第三个参数查找方式选0。因此MATCH的3个参数依次为1、$D$2:$D$13和0。

在单元格G2中输入公式"=MATCH(F2,$D$2:$D$13,0)"。

员工编号	员工姓名	月度销售额	排名		查找排名	位置
SL001	严明宇	¥15,600.00	11		1	6
SL002	钱夏雪	¥70,080.00	8			
SL003	魏香秀	¥70,200.00	7			
SL004	金思	¥144,300.00	2			
SL005	蒋琴	¥92,880.00	4			
SL006	冯万友	¥171,600.00	1			
SL007	吴倩倩	¥13,520.00	12			
SL008	戚光	¥80,240.00	5			

按【Enter】键，函数结果返回6，即1在区域$D$2:$D$13的第6行。

职场拓展

用SUM函数求所有商品的销售总额

先求出每件商品的销售额，再使用SUM函数对销售额进行求和，从而得到全部商品的销售总额。

商品名称	销售日期	商品单价/元	销售数量	销售总额
面包	2020年6月2日	22	53	1166
方便面	2020年6月3日	25	85	
火腿肠	2020年6月4日	35	64	
面条	2020年7月5日	18	85	
面包	2020年7月6日	22	85	
方便面	2020年7月7日	25	56	
火腿肠	2020年8月8日	35	75	
面条	2020年8月9日	18	74	
面包	2020年8月10日	22	45	
方便面	2020年8月11日	25	75	

通过使用SUM函数可以对数组运算的结果求和,从而得到全部商品的销售总额。

下面介绍主要制作步骤,更详细的操作,可扫描二维码观看视频。

①这个问题虽然不是条件求和,但我们通过公式可以知道,使用SUM函数可以对数组运算的结果求和。

②使用函数求商品的销售总额。

微课
扫码看视频

第3篇

PPT
设计与制作

第 10 章　编辑与设计幻灯片
第 11 章　动画效果与放映

第10章
编辑与设计幻灯片

在使用PowerPoint 2019制作演示文稿之前,首先需要熟悉PowerPoint 2019的基本操作。本章首先介绍如何新建和编辑演示文稿,然后介绍母版的设计。

本章配套的教学资源中有相关的素材文件,请读者参见资源中的【本书素材】文件夹。

10.1 年终总结报告

年终总结报告就是把一年内的工作进行一次全面系统的检查、评价、分析、研究，并分析成绩的不足，从而得出引以为戒的经验。使用演示文稿来制作年终总结报告，可以使领导和员工更清晰明了地了解到公司一年的业绩。

根据模板创建的演示文稿

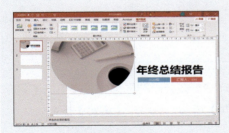
插入文字和图片

插入文字、图片和形状

10.1.1 演示文稿的基本操作

演示文稿的基本操作主要包括新建演示文稿、保存演示文稿等。

微课
扫码看视频

1. 新建演示文稿

◆ 新建空白演示文稿

通常情况下，启动PowerPoint 2019之后，在PowerPoint开始界面（单击【空白演示文稿】选项，即可创建一个名为"演示文稿1"的空白演示文稿。

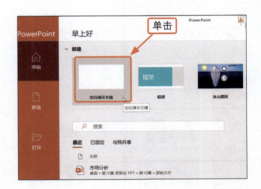

◆ 根据模板创建演示文稿

为了便于用户更快捷地创建演示文稿，系统还提供了很多演示文稿的模板，用户可以根据需要选择合适的模板，在模板基础上创建演示文稿，具体操作步骤如下。

STEP1 启动PowerPoint 2019，①在开始界面的搜索文本框中输入想要使用的模板的关键字，例如输入"年终总结"，②然后单击右侧的【开始搜索】按钮。

STEP2 可以看到系统内置的与年终总结相关的模板全部显示出来，在搜索出的模板中单击选择一个合适的模板。

STEP3 弹出界面显示该模板的相关信息，单击【创建】按钮。

STEP4 系统开始下载并打开该模板，效果如图所示。

2. 保存演示文稿

演示文稿在制作过程中应及时进行保存，以免因突发停电或死机等情况，演示文稿来不及保存而造成不必要的损失。保存演示文稿的具体步骤如下。

STEP1 在演示文稿的窗口中，单击【文件】按钮。

STEP2 在弹出的界面中，①单击【另存为】选项，②单击【浏览】按钮。

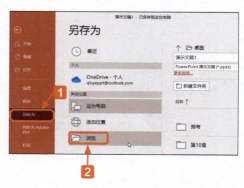

STEP3 弹出【另存为】对话框，①选择合适的保存位置，②然后在【文件名】

文本框中输入文件名称，③单击【保存】按钮即可保存演示文稿。

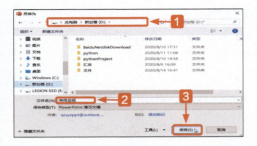

> **提示** 如果对已有的演示文稿进行了编辑操作，可以直接单击【快速访问工具栏】中的【保存】按钮保存演示文稿。

10.1.2 幻灯片的基本操作

幻灯片的基本操作主要是指新建和删除幻灯片、移动和复制幻灯片、隐藏幻灯片等。

本小节的素材文件如下
素材文件\第10章\图片1.jpg
原始文件\第10章\年终总结报告.pptx
最终效果\第10章\年终总结报告.pptx
微课 扫码看视频

1. 新建幻灯片

在制作演示文稿的过程中，新建幻灯片是常用的一种基本操作。在演示文稿中新建幻灯片的方法有两种：一种是通过右键快捷菜单新建幻灯片；另一种是通过【幻灯片】组新建幻灯片。下面只介绍使用第一种方法新建幻灯片的具体步骤。

使用右键快捷菜单新建幻灯片的具体操作步骤如下。

STEP1 打开本实例的原始文件，在导航窗格中的第1张幻灯片上单击鼠标右键，然后从弹出的快捷菜单中选择【新建幻灯片】选项。

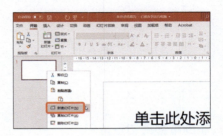

STEP2 可以看到在选中的幻灯片的下方插入了一张新的幻灯片。

2. 删除幻灯片

如果演示文稿中有多余的幻灯片，用户还可以将其删除。

STEP1 在左侧的导航窗格中选中要删除的幻灯片，例如选中第2张幻灯片，然后单击鼠标右键，在弹出的快捷菜单中选择【删除幻灯片】选项。

STEP2 可以看到第2张幻灯片已被删除，效果如下图所示。

3. 复制与移动幻灯片

在演示文稿的编辑过程中，用户可以重新调整每一张幻灯片的次序，也可以将具有较好版式的幻灯片复制到其他的演示文稿中。

○ **复制幻灯片**

复制幻灯片的方法很简单，只需在演示文稿左侧的幻灯片列表中选择要复制的幻灯片，然后单击鼠标右键，从弹出的快捷菜单中选择【复制幻灯片】选项，即可在此幻灯片的下方复制一张与此幻灯片格式和内容相同的幻灯片。

另外，用户还可以使用【Ctrl】+【C】组合键复制幻灯片，然后使用【Ctrl】+【V】组合键在同一演示文稿内或不同演示文稿之间进行粘贴。

○ **移动幻灯片**

移动幻灯片的方法也很简单，只需在演示文稿左侧的幻灯片列表中选择要移动的幻灯片，然后按住鼠标左键不放，将其拖曳到要移动的位置后释放左键即可。例如，先在第2张幻灯片下面添加一张幻灯片，然后再将添加的幻灯片移动到第2张幻灯片的位置。

在前面3的内容中我们已经针对幻灯片的一些基本操作进行了讲解，下面我们从文本、图片、形状等几个方面来讲解一下如何编辑幻灯片。

4. 插入文本

文本作为幻灯片内容的主要传递者，是幻灯片的核心。在幻灯片中添加文本最直接的方式就是使用占位符，因为很多幻灯片的默认版式中都是带有占位符的。在这种情况下，我们就可以直接在占位符中输入文本，然后调整文本的大小和格式，再根据版面需要适当调整占位符在幻灯片中的位置即可。

第 10 章 编辑与设计幻灯片

STEP3 接下来就对文本框进行设置。❶选中文本框,切换到【绘图工具】栏的【形状格式】选项卡,在【形状样式】组中,❷单击【形状填充】按钮的右半部分,在弹出的颜色库中选择一种合适的颜色,❸此处选择【水绿色,个性色1】。

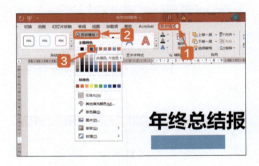

STEP4 在文本框中输入文本"2020年"。

用户除了可以在占位符中添加文本外,还可以通过插入文本框的方式添加文本。在幻灯片中插入文本框的具体操作步骤如下。

STEP1 切换到【插入】选项卡,❶在【文本】组中单击【文本框】按钮的下半部分,❷在弹出的下拉列表中根据需要选择横排文本框或竖排文本框。

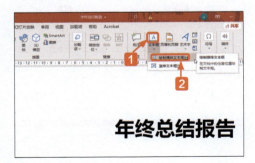

STEP5 接下来设置输入文本的字体颜色和大小。❶选中输入的文本,❷切换到【开始】选项卡,❸在【字体】组中的【字号】下拉列表中选择一个合适的字号,❹然后单击【字体颜色】按钮右侧的下拉按钮,❺在弹出的下拉列表中选择一种合适的字体颜色。

STEP2 鼠标指针变成十字形状,将鼠标指针移动到幻灯片的编辑区,单击鼠标左键或者按住鼠标左键不放,拖曳鼠标,即可绘制一个文本框,绘制完毕,释放鼠标左键。

229

5. 插入图片

插入图片不仅可以使幻灯片更加美观，同时好的图片可以使幻灯片的内容更易于理解。下面我们来学习如何在幻灯片中插入图片。

STEP1 切换到【插入】选项卡，在【图像】组中单击【图片】按钮。

STEP2 弹出【插入图片】对话框，❶找到素材图片所在的文件夹，选中素材图片，❷然后单击【插入】按钮。

> 💡 **提示** 在PPT中字体的选择一般都是在主题中设置，所以在制作PPT时，输入文案后，我们只需要修改字体的颜色、大小及段落格式即可。

STEP6 系统默认文本框中的文字是靠左显示的。以当前的页面布局来看，文本框属于长条形的，文字又比较少，为避免页面失衡，文字居中显示会比较好。在【段落】组中单击【居中】按钮，即可使文本框中的文字相对于文本框居中对齐。

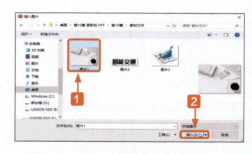

STEP3 选中的图片插入到幻灯片中，效果如下图所示。

STEP7 读者可以按照相同的方法在当前页面中插入其他文本框，并输入相应内容。

STEP4 默认插入到幻灯片中的图片一般都是方形的，但有时为了美观，我们需要将图片的形状进行更改，即将图片裁剪为其他形状，例如将图片裁剪为圆形。❶切换到【图片工具】栏的【图片格式】选项卡，❷在【大小】组中单击【裁剪】按钮的下半部分，❸在弹出的下拉列表中选择【纵横比】选项，❹然后在其级联菜单中选择【1:1】选项。

> 💡 **提示** 在幻灯片的形状中只有椭圆，没有圆形，而且图片在裁剪过程中是保留原纵横比的，所以直接裁剪得到的一定是椭圆，所以这里需要先选定纵横比，然后选择裁剪形状为椭圆。

STEP5 软件自动从图片的中心位置裁剪出纵横比为1：1的图片。

STEP6 用户可以根据需要调整图片的裁剪位置。按住鼠标左键，向左拖动图片，可以将图片的裁剪位置调整到图片的右侧。

STEP7 ❶再次单击【裁剪】按钮的下半部分，❷在弹出的下拉列表中选择【裁剪为形状】选项，❸然后在其级联菜单中选择【椭圆】选项。

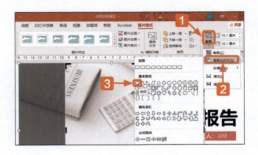

STEP8 可以看到图片被裁剪为圆形，效果如下图所示。

STEP9 但由于当前幻灯片的背景为白色，图片整体颜色也偏白，图片看起来不明显。面对这种情况，通常我们有两种处理方法：添加轮廓或者微调图片颜色，此处我们调整一下图片的颜色。❶在【调整】组中单击【颜色】按钮，❷在弹出的下拉列表中选择【其他变体】选项，❸然后在弹出的颜色库中选择【白色，背景1，深色50%】。

STEP10 调整颜色后的效果如下图所示，最后将图片移动到幻灯片的合适位置即可。

6. 插入形状

在幻灯片中形状的应用也是非常广泛的，它既可以充当文本框，还可以通过不同的排列组合来表现不同的逻辑关系。下面我们先来讲解如何在幻灯片中插入形状，以及形状的一些基本编辑。

STEP1 ❶切换到【插入】选项卡，❷在【图像】组中单击【形状】按钮，❸在弹出的下拉列表中选择【椭圆】选项。

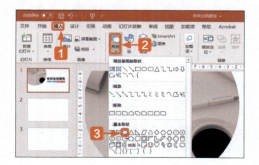

STEP2 鼠标指针变成十字形状，按住【Shift】键，拖曳鼠标，即可在幻灯片中绘制一个圆形。

> **提示** 在PPT中绘制形状时，按住【Shift】键，即可绘制纵横比为1∶1的形状；在调整幻灯片中形状、图片的大小时，按住【Shift】键，可以保持原有纵横比。

STEP3 形状绘制完成后，接下来就是对形状进行美化填充了。选中绘制的圆形，切换到【绘图工具】栏的【形状格式】选项卡，在【形状样式】组中，单击【形状填充】按钮的右半部分，在弹出的下拉列表中选择一种合适的主题颜色。

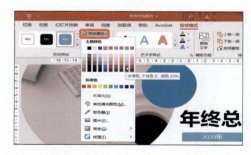

> **提示** 在PPT中使用颜色时，应尽量使用主题颜色，这样可以方便后期修改调整。

STEP4 因为当前幻灯片中所使用的文本框和图片都是没有边框的，为了风格统一，形状也不使用边框。❶单击【形状轮廓】按钮的右半部分，❷在弹出的下拉列表中选择【无轮廓】选项。

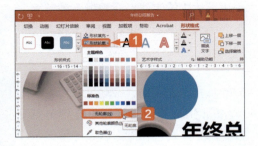

STEP5 设置完成后的效果如下图所示。

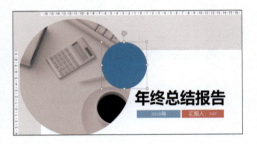

STEP6 当前幻灯片页中圆形是叠加在图片之上的，纯色填充后遮挡了一部分图片，会造成视觉上图片与形状的隔阂。这时可以为形状设置透明度，来减少隔阂感。单击【形状样式】组右下角的【对话框启动器】按钮，打开【设置形状格式】任务窗格，在【填充】组中的【透明度】文本框中输入【40%】，如下图所示。

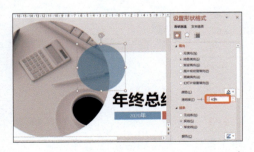

STEP7 接下来就可以在圆形上编辑文字了。在圆形上单击鼠标右键，在弹出的快捷菜单中选择【编辑文字】选项。

STEP8 用户可以直接在圆形中输入文字，并设置文字的大小。

STEP9 微调文字、形状、图片的位置，最终效果如下图所示。也可以按照相同的方法，制作其他幻灯片。

7. 隐藏幻灯片

当用户不想放映演示文稿中的某些幻灯片时，可以将其隐藏起来。隐藏幻灯片的具体步骤如下。

STEP1 在左侧的幻灯片列表中选择要隐藏的幻灯片，然后单击鼠标右键，从弹出的快捷菜单中选择【隐藏幻灯片】选项。

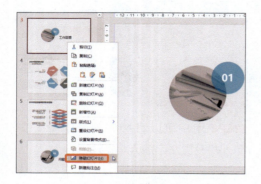

STEP2 此时，在该幻灯片的标号上会显示一条删除斜线，表明该幻灯片已经被隐藏。

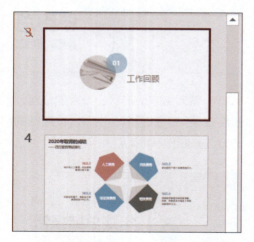

技巧1　轻松识别不认识的字体

当看到某个字体的效果很喜欢，想设计PPT时使用却不知字体名称。这时是凭经验来判断，还是各种字型测试对比呢？有没有更快速、准确的识别字体的方法呢？下面介绍一个非常不错的网站，只要把字体图片上传就可以在线模糊匹配图片上的字是何种字体，非常方便！

求字体网不仅可以通过技术手段轻松识别出图片中的字体，还提供下载链接。下面给大家演示一下，如何在线查找图片中的文字是什么字体。

STEP1 打开浏览器，在地址栏输入求字体网的网址，然后按【Enter】键，即可打开求字体网，在搜索区域中单击图片按钮 🖼。

STEP2 弹出【打开】对话框，找到素材图片所在的位置，单击素材图片，然后单击【打开】按钮，将图片导入到求字体网中。

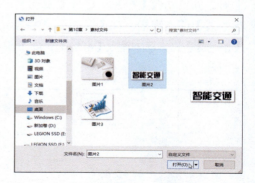

STEP3 返回求字体网，单击【开始上传】按钮，上传后会给出参考条件，一般如果字体轮廓比较清楚，求字体网就会识别出字体，用户只需要把识别出的字输入到下面对应的框中，然后单击

【开始搜索】按钮即可。

STEP4 系统给出模糊匹配的几种字体预览，很明显，演示图片是第一种字体"汉仪菱心体简"。

技巧2　快速修改PPT字体

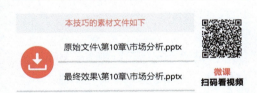

本技巧的素材文件如下
原始文件\第10章\市场分析.pptx
最终效果\第10章\市场分析.pptx
微课 扫码看视频

有时候PPT做好了，却被要求修改字体，这时如果一张一张地去修改，工作量会很大。有没有快速修改字体的方法呢？
用文字替换功能就能够轻松实现。下面以将PPT中的等线字体替换为微软雅黑为例，介绍快速修改PPT字体的方法。

STEP1 打开本实例的原始文件，将光标定位在幻灯片中的文本中，切换到【开始】选项卡，在【字体】组中的【字体】文本框中显示当前文本的字体为【等线】。

STEP2 在【编辑】组中单击【替换】按钮右侧的下拉按钮，在弹出的下拉列表中选择【替换字体】选项。

STEP3 弹出【替换字体】对话框，❶在【替换】下拉列表中选择【等线】选项，❷在【替换为】下拉列表中选择【微软雅黑】选项。

STEP4 单击【替换】按钮，随即【替换字体】对话框中的【替换】下拉列表中的【等线】替换为【微软雅黑】，同时【替换】按钮变为灰色。

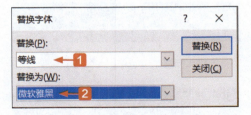

STEP5 单击【关闭】按钮，返回幻灯片，演示文稿中的所有等线字体均被替换为微软雅黑字体。

10.2 母版设计

母版中包含出现在每一张幻灯片上的显示元素，如文本占位符、图片、动作按钮，或者是在相应版式中出现的元素。使用母版可以方便地统一幻灯片的样式及风格，提高PPT制作效率。

过渡页

内容页

10.2.1 PPT母版的特性

PPT母版具有以下三种特性。

统一——使用母版可以使演示文稿的风格统一，例如配色、版式、标题、字体和页面布局等。

限制——在母版中限定一些固定元素的样式或位置，这是实现统一的手段。

速配——排版时根据内容类别一键选定对应的版式。

鉴于PPT母版的以上特性，如果用户制作的PPT具有以下特点：PPT的页面数量大、页面版式可以分为固定的若干类、需要多次制作类似的PPT、对制作速度有要求，那就为PPT定制一个母版吧。

10.2.2 PPT母版的结构和类型

进入母版视图,可以看到PPT自带的一组默认母版,分别是以下几类。

Office主题页:在这一页中添加的内容会作为背景在下面所有版式中出现。

标题幻灯片:可用于幻灯片的封面封底,与主题页不同时需要勾选隐藏背景图形。

标题内容幻灯片:标题框架+内容框架。

除了上述几类,还有节标题、比较、空白、仅标题、仅图片等不同的PPT版式布局可供选择。

以上PPT版式都可以根据设计需要进行调整。保留需要的版式,将多余的版式删除。

10.2.3 设计PPT母版

幻灯片母版我们一般按照封面页、过渡页、目录页、内容页和封底页这5类页面来设计。

本小节的素材文件如下
素材文件\第10章\图片3.png
原始文件\第10章\数据分析报告.pptx
最终效果\第10章\数据分析报告.pptx

微课
扫码看视频

1. 设计封面页版式

对于封面页,一般图片不会变化,可变的就是标题文字,所以我们一般将背景图片设计在母版中,标题文字也在母版

中利用占位符固定好位置。具体操作步骤如下。

STEP1 打开本实例的原始文件,切换到【视图】选项卡,在【视图】组中单击【幻灯片母版】按钮。

STEP2 进入幻灯片母版视图后,在左侧的幻灯片导航窗格中选择一个版式,例如选择【标题幻灯片 版式】选项。首先设置背景,在【背景】组中单击【背景样式】按钮,在弹出的下拉列表中选择一种合适的样式,例如选择【样式3】选项。

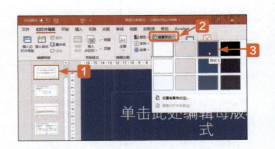

STEP3 接下来添加其他固定不变的元素,如图片、形状。例如先绘制一个矩形作为标题背景。切换到【插入】选项卡,在【插图】组中单击【形状】按钮,在弹出的下拉列表中选择【矩形】选项。

STEP4 待鼠标指针变成十字形状后,在幻灯片母版的编辑区绘制一个与幻灯片等宽的矩形,并将其填充颜色设置为白色,无轮廓。

STEP5 当前绘制的矩形是要作为标题背景的,垂直居中的视觉效果会更好一些。①切换到【绘图工具】栏的【形状格式】选项卡,②在【排列】组中单击【对齐】按钮,③在弹出的下拉列表中选择【垂直居中】选项。

STEP6 可以插入一个代表数据分析的图片来强调主题。①切换到【插入】选项卡,在【图像】组中②单击【图片】按钮。

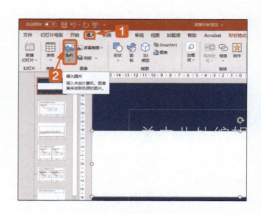

STEP7 弹出【插入图片】对话框,找到素材图片所在的文件夹,①选中素材图片,②然后单击【插入】按钮。

STEP8 可以看到选中的素材图片被插入到幻灯片中,然后根据页面需要调整图片的位置,此处将图片水平靠右对齐,垂直居中对齐。

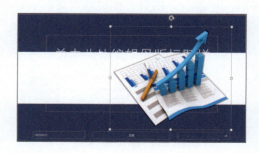

STEP9 接下来就是设计封面中最重要的文字标题了。虽然当前母版中有默认占位符,但是被我们插入的图片和形状压在了底下,所以需要先将占位符置于顶层。选中占位符,①切换到【绘图工

具】栏的【形状格式】选项卡，❷在【排列】组中单击【上移一层】按钮的右半部分，❸在弹出的下拉列表中选择【置于顶层】选项。

STEP10 接下来用户直接调整占位符的位置，以及占位符中的文字格式，输入提示信息，最终效果如下图所示。

2. 设计目录页版式

目录页的版式相对比较简单，主要是背景和一个并列关系的信息图表。具体操作步骤如下。

STEP1 设置背景。选中一个母版版式，删除多余占位符，在【背景】组中，❶单击【背景样式】按钮，❷在弹出的下拉列表中选择【设置背景格式】选项。

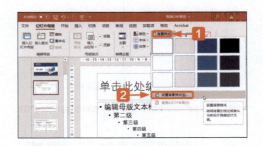

STEP2 弹出【设置背景格式】任务窗格，在【填充】组中，❶选中【图片或纹理填充】单选钮，❷然后单击【插入】按钮。

STEP3 弹出【插入图片】对话框，找到背景图片所在的文件夹，选中背景图片，然后单击【插入】按钮。

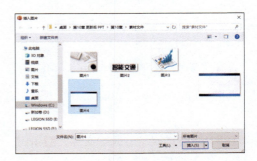

STEP4 可以看到选中的图片已插入幻灯片中。在目录页版式中通过圆形、矩形等形状绘制一个并列关系图，并输入相关信息内容。

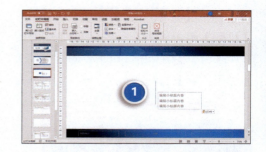

3. 设计过渡页和内容页版式

过渡页版式和内容页版式相对比较简单，主要是设计背景和标题位置，此处不再赘述。

你问我答

Q： 演示文稿中使用了特殊字体，别人观看时PPT不能正常显示怎么办？

　　如果幻灯片中使用了系统自带字体以外的特殊字体，当把PPT文档发送给他人时，如果对方的电脑中没有安装这种字体，那么这些文字将会失去原有的字体效果，并自动以系统中的默认字体样式来替代。如果用户希望幻灯片中所使用到的字体无论在哪里都能正常显示原有效果，可以使用嵌入字体的方式保存PPT文档。

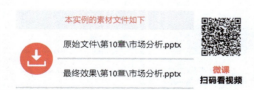

STEP1 打开本实例的原始文件，❶单击【文件】按钮，在弹出的界面中选择【另存为】选项，❷在弹出的【另存为】界面中单击【浏览】按钮。

STEP2 弹出【另存为】对话框，选择文件的保存位置，❶然后单击【工具】按钮，❷在弹出的下拉列表中选择【保存选项】选项。

STEP3 弹出【PowerPoint选项】对话框，系统自动切换到【保存】选项卡，❶勾选【将字体嵌入文件】复选框，❷然后单击【确定】按钮，返回【另存为】对话框，单击【保存】按钮。

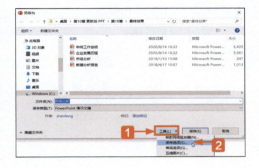

职场拓展

1. 制作带有图表的调查报告

食品安全是大家都关注的话题，最近公司对关于食品安全的关注度进行了一个市场调查，根据调查结果，公司市场部制作一份关于食品安全的调查报告，效果如下图所示。

思路分析 食品安全调查报告牵涉数据展示的问题，为了让数据更形象化，报告中可以使用图表来展示数据。

下面介绍主要制作步骤，更详细的操作，可扫描二维码观看视频。
①通过菜单项插入图表，在弹出的【插入图表】对话框中选择【圆环图】选项。
②在弹出的【Microsoft PowerPoint 中的图表】对话框中输入相应的数据。
③对图表进行美化。

微课
扫码看视频

2. 使用"秋叶四步法"快速美化PPT

很多人认为PPT是个简单的办公软件，只要会用就可以了。在工作中使用PPT时，也是直接把文字搬到PPT文档中，认为PPT是和Word一样的。但是现在越来越多的公司、单位对PPT的要求越来越高，好的PPT能吸引观众，让人过目不忘。

下面我们以改造一个企业发展历程的PPT为例，介绍如何使用"秋叶四步法"，快速美化PPT。

原PPT

思路分析 在大多数的介绍企业发展历程的PPT页面中,我们采取的是并列或者是递进的关系。

我们先来看看这页PPT有哪些优点。
① 文字内容都呈现了左对齐的形式,符合对齐原则。
② 底部色块选自LOGO颜色,配色上合格过关。
③ 5张照片的斜排形式有创意,同时增加了视觉冲击力。

我们再来思考一下:这页PPT存在什么问题?
主要问题有这样几个。
① 页面内容太拥挤,显得有些混乱。
② 图片内容太抢眼,影响观众对文字的阅读。

怎么办呢?今天,我们用经典的"秋叶四步法",来改造企业发展历程页面!

改造后的PPT

下面介绍主要制作步骤,更详细的操作,可扫描二维码观看视频。

美化前,我们先把这页PPT"打回原形"。

①统一字体。是指选择一个合适的字体搭配方案，而不是指将所有文字统一成一种字体。系统自带的默认字体显得不专业，所以我们需要更改字体。

②突出标题。突出的标题，往往可以吸引更多的注意力，也告知了观众，我们讲解到了哪一部分。一般常见的突出标题的方式有增加字号、加粗字体、色块反衬等方式。分析这个页面，这页显示的是企业历史介绍，主要是从5个时间点的大事来陈述，这里我们用加粗字体和放大字号的方式放大时间。

③巧取颜色。用取色器从企业LOGO中提取主色。

④快速配图。大图太抢眼，所以需要缩小图片。

微课
扫码看视频

第11章
动画效果与放映

为了使演示文稿更有说服力，更能抓住观众的视线，有时候我们还需要在演示文稿中根据先后顺序适当添加动画来引导观众的视线。演示文稿制作完成后我们应该如何放映演示文稿？本章也会进行讲解。

本章配套的教学资源中有相关的素材文件，请读者参见资源中的【本书素材】文件夹。

11.1 员工销售技能培训

销售技能是销售能力的体现，也是一种工作的技能。销售过程是人与人之间沟通的过程，销售人员在沟通过程中动之以情，晓之以理，辅之以利弊分析。一个公司要想销售业绩好，就势必会对销售人员进行适当的销售培训，使他们掌握一定的销售技能。

在培训类演示文稿中，添加适当的动画效果，可以引导观众的视线，避免培训过程枯燥、单调。但要注意，在PPT中使用动画时，不要让动画成为视线焦点。

演示文稿的动画效果

添加多媒体文件

11.1.1 演示文稿的动画效果

本小节的素材文件如下

原始文件\第11章\销售技能培训.pptx

最终效果\第11章\销售技能培训.pptx

微课 扫码看视频

演示文稿的动画效果一般可以分为两个方面的动画：一是页面切换动画；另一个是页面中各元素的动画。

1. 页面切换动画

用户创建的演示文稿默认页面之间切换是没有动画效果的，都是直接翻页的，如果用户觉得前后两页幻灯片的切换方式太过平淡，可以考虑使用PowerPoint中种类丰富的幻灯片切换动画。

PowerPoint中默认提供了"细微""华丽""动态内容"三大类共40多种页面切换动画效果。

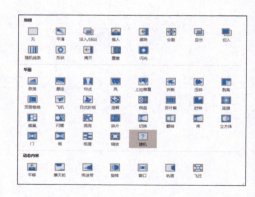

细微型切换效果相对来说比较简单。华丽型的动画效果则更富有视觉冲击力。

动态内容的切换效果会对幻灯片中的内容元素提供动画效果，有时也被用来为页面中的图片等对象提供切换效果。

STEP1 打开本实例的原始文件，❶切换到【切换】选项卡，在【切换到此幻灯片】组中，❷单击【其他】按钮，❸在弹出的切换效果库中选择一种合适的切换效果即可。

STEP2 对于系统提供的这些切换效果，用户还可以根据页面需要，通过"效果选项"设置不同的变化方式。例如刚才选择的分割效果，默认是中央向左右展开的，除此之外，系统还提供了另外3种展开方式，用户可以根据页面需要选择不同的展开方式。

STEP3 用户除了可以选择幻灯片的切换效果外，还可以调整切换的声音、持续时间和换片方式。当演示文稿由多张幻灯片组成，而用户不想一张一张地设置其切换方式时，可以一次性选中所有幻

灯片，然后在切换效果库中选择【随机】选项，这样所有幻灯片都会添加上动画效果，而且互相之间的效果不同。

2. 为元素设置动画效果

PowerPoint 2019中为各元素提供了包括进入、强调、退出、路径等多种形式的动画效果。为幻灯片添加动画特效，可以突出PPT中的关键内容、显示页面或各内容之间的层次关系。

进入动画是最基本的自定义动画效果之一，借助进入动画，PPT中的元素可实现从无到有、陆续展现的效果。为幻灯片中的元素设置动画效果也是有规律可循的，一般是按照左右或者上下顺序，有时也会按照由内而外的顺序设置。下面我们通过一个实例来讲解进入动画的具体设置步骤。

STEP1 打开本实例的原始文件，第1张幻灯片中的元素按位置可以分为左中右3组，用户在添加进入动画时就可以按照这个顺序添加。❶选中公司LOGO图标，❷切换到【动画】选项卡，❸在【动画】组中单击【其他】按钮。

247

STEP2 弹出动画效果列表，在【进入】动画组中，选择一种合适的进入动画方式，如选择【飞入】选项。

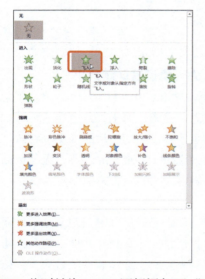

STEP3 此时就为LOGO图标添加了"飞入"的进入动画效具，然后在【高级动画】组中单击【动画窗格】按钮。

STEP4 弹出【动画窗格】任务窗格，选中动画1，然后单击鼠标右键，从弹出的快捷菜单中选择【效果选项】选项。

STEP5 弹出【飞入】对话框，①切换到【效果】选项卡，②在【方向】下拉列表中选择【自右侧】选项。

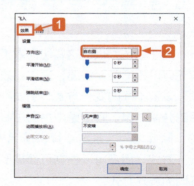

STEP6 ①切换到【计时】选项卡，默认情况下动画是单击鼠标开始，用户也可以设置为自动播放动画。②在【开始】下拉列表中选择【上一动画之后】选项。

STEP7 动画的默认期间为【非常快（0.5秒）】，用户可以根据需要进行调整，此处将其调整为【快速（1秒）】。

STEP8 设置完毕，单击【确定】按钮返回演示文稿，在【预览】组中单击【预览】按钮的上半部分按钮，即可预览当前动画效果。

STEP9 因为公司名称所处的位置与公司LOGO的位置相同，所以可以使用相同的动画。需要注意的是，公司名称动画应该与LOGO动画同时播放。

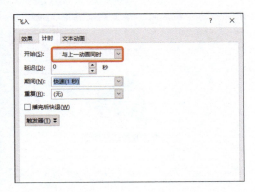

STEP10 接下来设置当前幻灯片的中心内容的动画效果。选中年份及其底图图片，切换到【动画】选项卡中，在【动画】组中单击【其他】按钮，在弹出的动画效果库中选择【进入】动画组中的【缩放】动画。

STEP11 添加缩放动画后，调整动画自动播放的时间，在【计时】组中的【开始】下拉列表中选择【上一动画之后】选项。

STEP12 下面设置演示文稿标题文字的动画。此处可以将其进入动画的效果设置为【浮入】，动画开始时间设置为【上一动画之后】。

STEP13 最后设置右下角3个图标的动画，3个图标可以设置相同的动画。选中3个图标，在【动画】组中单击【其他】按钮，在弹出的动画效果库中选择【进入】动画组中的【缩放】动画。

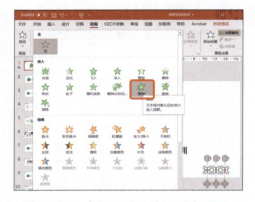

STEP14 显然3个图标的动画应该是在上一动画之后同时播放的，所以应该把第一个图标的动画播放时间设置为【上一动画之后】。

STEP15 选中后面的所有动画，在【计时】组中的【开始】下拉列表中选择【与上一动画同时】选项。

STEP16 至此，当前幻灯片的进入动画就设置完成了，用户可以单击【预览】按钮进行预览。可以按照相同的方法设置其他页面元素的进入动画效果。

强调动画是在放映过程中通过放大、缩小、闪烁等方式引起注意的一种动画。为一些文本框或对象组合添加强调动画，可以获得意想不到的效果。其添加方式与进入动画相同，我们此处不再赘述。

11.1.2 添加多媒体文件

用户可以在幻灯片中添加声音等多媒体文件，增强演示文稿的播放效果。

在幻灯片中恰当地插入声音，可以引起观众的注意，使之产生观看的兴趣。插入声音文件的具体步骤如下。

STEP1 切换到第1张幻灯片，切换到【插入】选项卡，**1**在【媒体】组中单击【音频】按钮，**2**从弹出的下拉列表中选择【PC上的音频】选项。

STEP2 弹出【插入音频】对话框，选择需要插入的声音文件，如选择【钢琴.mp3】选项。

STEP3 单击【插入】按钮，即可在第1张幻灯片中插入声音图标，并且会出现显示声音播放进度的显示框。

STEP4 在幻灯片中将声音图标拖动到合适的位置，并适当调整其大小。

STEP5 在幻灯片中插入声音后，可以先听一下声音的效果。单击播放进度显示框左侧的【播放/暂停】按钮，随即音频文件进入播放状态，并显示播放进度。

STEP6 插入声音后，可以设置声音的播放效果，使其能和幻灯片放映同步。选中声音图标，切换到【音频工具】栏中的【播放】选项卡，❶单击【音频选项】组中的【音量】按钮，❷从弹出的下拉列表中选择【中等】选项。

STEP7 单击【音频选项】组中的【开始】右侧的下拉按钮，从弹出的下拉列表中选择【自动】选项。

STEP8 在【音频选项】组中勾选【循环播放，直到停止】复选框，声音就会循环播放直到幻灯片放映完才结束；勾选【放映时隐藏】复选框，隐藏声音图标；勾选【播放完毕返回开头】复选框，就会在播放完成后自动返回开头。

秋叶私房菜

技巧 快速设置动画——动画刷

本技巧的素材文件如下
原始文件\第11章\交流沟通技巧.pptx
最终效果\第11章\交流沟通技巧.pptx

微课 扫码看视频

在设置文本段落格式的时候，我们都知道使用格式刷可以快速地为不同段落设置相同的格式。从PowerPoint 2013开始，在动画选项卡中也设置了一个动画刷功能，它与格式刷有着异曲同工之妙。在幻灯片中设置好一个动画之后，对其使用动画刷，就可以把它的动画设置复制给其他对象。

STEP1 打开本实例的原始文件，可以看到当前演示文稿中的信息图表可以分为3部分，这3部分若使用相同动画，我们可以只设置第一部分的动画，后两部分的动画使用动画刷复制完成即可。

STEP2 选中信息图的第一部分，切换到【动画】选项卡，❸在【动画】库中选择【淡化】动画。

STEP3 在【计时】组中的【开始】下拉列表中选择【上一动画之后】选项，即可将当前组合的动画设置为淡化，且在上一动画结束后自动播放。

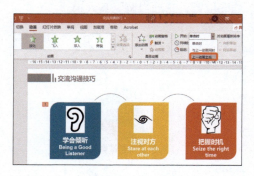

STEP4 在【高级动画】组中单击【动画窗格】按钮，打开动画窗格，在动画窗格中也可看到当前动画。

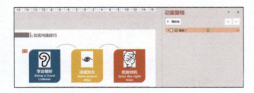

STEP5 选中设置过动画的组合图形，在【高级动画】组中单击【动画刷】按钮。

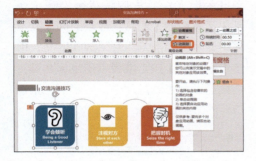

STEP6 鼠标指针变成刷子形状，此时用户在第一个弧形连接符上单击鼠标左键，即可为弧形连接符设置与所选图形相同的动画。

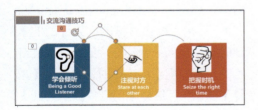

STEP7 如果用户想为多个形状设置相同的动画，可以双击【动画刷】按钮，然后依次单击需要设置动画的形状，即可为所有形状设置动画，设置完毕，按【Esc】键退出即可。

11.2 项目申报PPT

在申报项目时，通常需要用PPT来展示拟申报项目的计划、执行方案及预期目标等内容。

效果展示

放映演示文稿

打包演示文稿

11.2.1 放映演示文稿

在放映幻灯片的过程中，放映者可能对幻灯片的放映方式和放映时间有不同的要求，为此，用户可以对其进行相应的设置。

本小节的素材文件如下

原始文件\第11章\项目申报.pptx

最终效果\第11章\项目申报.pptx

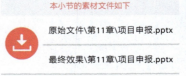

微课
扫码看视频

设置幻灯片放映方式和放映时间的具体步骤如下。

STEP1 打开本实例的原始文件，①切换到【幻灯片放映】选项卡，②在【设置】组中单击【设置幻灯片放映】按钮。

STEP2 弹出【设置放映方式】对话框，①在【放映类型】组合框中选中【演讲者放映（全屏幕）】单选钮，②在【放映选项】组合框中勾选【循环放映，按Esc键终止】复选框，③在【放映幻灯片】组合框中选中【全部】单选钮，④在【推进幻灯片】组合框中选中【如果出现计时，则使用它】单选钮。

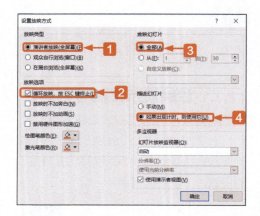

STEP3 设置完毕，单击【确定】按钮，返回演示文稿，然后单击【设置】组中的【排练计时】按钮。

STEP4 进入幻灯片放映状态，在【录制】工具栏的【幻灯片放映时间】文本框中显示了当前幻灯片的放映时间，单击【下一项】按钮或者单击鼠标左键，切换到下一张幻灯片中，开始下一张幻灯片的排练计时。

STEP5 此时当前幻灯片的排练计时从"0"开始，而最右侧的排练计时的累计时间是从上一张幻灯片的计时时间开始的。若想重新排练计时，可单击【重复】按钮，这样【幻灯片放映时间】文本框中的时间就从"0"开始；若想暂停计时，单击【暂停录制】按钮，这样当前幻灯片的排练计时就会暂停，直到单击【下一项】按钮，排练计时才继续计时。按照同样的方法为所有幻灯片设置其放映时间。

第 11 章 ■ 动画效果与放映

> **提示** 如果用户知道每张幻灯片的放映时间,则可直接在【录制】工具栏中的【幻灯片放映时间】文本框中输入其放映时间,然后按【Enter】键切换到下一张幻灯片,继续上述操作,直到放映完所有的幻灯片为止。

STEP6 单击【录制】工具栏中的【关闭】按钮,弹出【Microsoft PowerPoint】对话框,单击【是】按钮。

STEP7 1 切换到【视图】选项卡,2 单击【演示文稿视图】组中的【幻灯片浏览】按钮。

STEP8 系统自动转入幻灯片浏览视图,可以看到在每张幻灯片缩略图的右下角都显示了幻灯片的放映时间。

STEP9 1 切换到【幻灯片放映】选项卡,2 在【开始放映幻灯片】组中单击【从头开始】按钮。此时即可进入播放状态,根据排练的时间来放映幻灯片了。

11.2.2 演示文稿的网上应用

PowerPoint 2019为用户提供了强大的网络功能,可以将演示文稿保存为网页,然后发布到网页上,使互联网上的用户能够欣赏到该演示文稿。

用户可以利用PowerPoint 2019提供的【发布为网页】功能直接将演示文稿保存为网页文件。

STEP1 打开本实例的原始文件,1 单击【文件】按钮,从弹出的界面中选择【另存为】选项,2 然后单击【浏览】按钮。

STEP2 弹出【另存为】对话框，在其中设置文件的保存位置和文件名称，然后从【保存类型】下拉列表中选择【PowerPoint XML演示文稿（*xml）】选项。

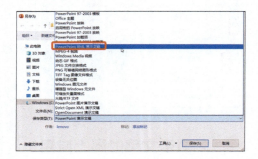

STEP3 设置完毕，单击【保存】按钮，此时即可在保存位置生成一个后缀名为".xml"的网页文件。

STEP4 双击该文件即可将其打开。

11.2.3 演示文稿的打包

在实际工作中，用户可能需要将演示文稿拿到其他的电脑上去演示。如果演示文稿太大，不容易复制携带，此时最好的方法就是将演示文稿打包。

用户若使用压缩工具对演示文稿进行压缩，则可能会丢失一些链接信息，此时可以使用PowerPoint 2019提供的打包功能将演示文稿和播放器一起打包，然后复制到另一台电脑中，将演示文稿解压缩并进行播放。如果打包之后又对演示文稿做了修改，还可以使用打包功能重新打包。具体的操作步骤如下。

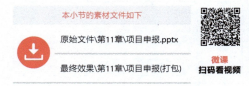

STEP1 打开本实例的原始文件，单击【文件】按钮，❶从弹出的界面中选择【导出】选项，弹出【导出】界面，❷从中选择【将演示文稿打包成CD】选项，❸然后单击右侧的【打包成CD】按钮。

STEP2 弹出【打包成CD】对话框，单击【选项】按钮。

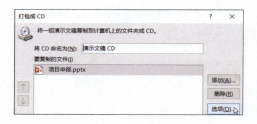

STEP3 打开【选项】对话框,勾选【包含这些文件】组合框中的【链接的文件】复选框、【嵌入的TrueType字体】复选框,然后在【打开每个演示文稿时所用密码】和【修改每个演示文稿时所用密码】文本框中输入密码(本章涉及的密码均为"123")。单击【确定】按钮。

STEP4 弹出【确认密码】对话框,在【重新输入打开权限密码】文本框中输入密码"123"。单击【确定】按钮。

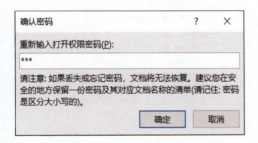

STEP5 再次弹出【确认密码】对话框,在【重新输入修改权限密码】文本框中输入密码"123"。

STEP6 单击【确定】按钮,返回【打包成CD】对话框,单击【复制到文件夹】按钮。

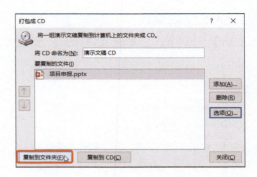

STEP7 弹出【复制到文件夹】对话框,在【文件夹名称】文本框中输入复制的文件夹名称。①在此输入"项目申报(打包)",②然后单击【浏览】按钮。

STEP8 弹出【选择位置】对话框,选择文件需要保存的位置,然后单击【选择】按钮。

STEP9 返回【复制到文件夹】对话框,单击【确定】按钮。

STEP10 弹出提示对话框,询问用户是否要在包中包含链接文件,单击【是】按钮,表示链接的文件内容会同时被复制。

STEP11 此时系统开始复制文件,并弹出【正在将文件复制到文件夹】对话框,提示用户正在复制文件到文件夹中。

STEP12 复制完成后，返回【打包成CD】对话框，单击【关闭】按钮即可。

STEP2 弹出【另存为】对话框，❶单击【工具】按钮，❷从弹出的下拉列表中选择【压缩图片】选项。

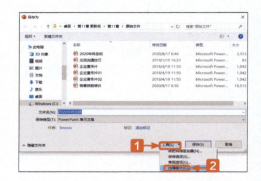

STEP13 找到相应的文件夹，可以看到打包后的相关内容。

> 💡 提示 打包文件夹中的文件，不可随意删除。复制整个打包文件夹到其他电脑中，无论该电脑中是否安装PowerPoint软件或PPT需要的字体，幻灯片均可正常播放。

STEP3 弹出【压缩图片】对话框，在【压缩选项】组合框中选中【删除图片的剪裁区域】复选框，在【分辨率】组合框中选择【电子邮件（96 ppi）:尽可能缩小文档以便共享】单选钮。

 秋叶私房菜

技巧1 压缩PPT中的图片

本技巧的素材文件如下
原始文件\第11章\2020年终总结.pptx
最终效果\第11章\2020年终总结.pptx

微课
扫码看视频

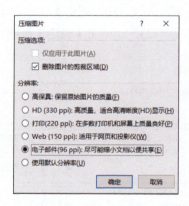

当PPT中的图片数量比较多，而图片又比较大时，PPT的容量也会很大。这时可以先把图片压缩，再进行保存。

STEP4 单击【确定】按钮，返回【另存为】对话框，单击【保存】按钮即可完成对PPT中图片的压缩。

技巧2 取消PPT放映结束时的黑屏

STEP1 打开本实例的原始文件，单击【文件】按钮，从弹出的界面中选择【另存为】选项，然后单击【浏览】按钮。

本技巧的素材文件如下
素材文件\第11章\企业宣传片.pptx
最终效果\第11章\企业宣传片.pptx

微课
扫码看视频

第 11 章 ■ 动画效果与放映

我们常常在放映PPT结束时，屏幕就会显示为黑色，下面介绍如何取消PPT放映结束时的黑屏。

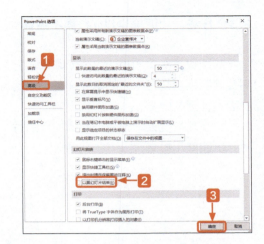

STEP1 打开素材文件"企业宣传片"，单击【文件】按钮，从弹出的界面中选择【选项】选项。

STEP2 弹出【PowerPoint选项】对话框，①切换到【高级】选项卡，②在【幻灯片放映】组合框中撤选【以黑幻灯片结束】复选框，③单击【确定】按钮。

职场拓展

1. 将动态PPT保存为视频

如果你使用的是PowerPoint 2010以上的版本，想要将动态的PPT保存为视频。无须借助其他软件转存，在PowerPoint中就可以完成。

 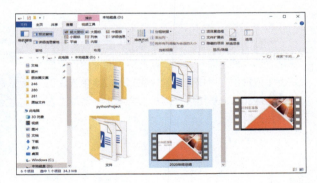

> **思路分析** 对于有动画和多媒体的演示文稿，为了更流畅地观看，用户可以将PPT保存为视频。
>
> 下面介绍主要制作步骤，更详细的操作，可扫描二维码观看视频。
> ①通过【文件】菜单，打开【导出】界面。
> ②打开【创建视频】窗口，选择视频文件格式及质量。
> ③创建视频。

微课
扫码看视频

259

2. 3个方法，让汇报型PPT封面不重样

封面页是观众对PPT的第一印象，它肩负着吸引观众注意力的重要任务，因此封面设计至关重要。

下面我们就来学习几个简单实用的方法，迅速美化封面。

 思路分析 学术或者工作汇报型 PPT 往往应用场合比较严肃，不需要太多复杂的设计，设计风格也以简洁大方为主。

下面介绍几种常见的汇报型 PPT 封面制作方法和小技巧，详细的操作，可扫描二维码观看视频。

①色块+LOGO 型。这种类型的封面制作，只需要有一个高清 LOGO 就可以轻松搞定。这里注意，封面不宜有太多的内容，所以需要删除原页面中的文献引用说明部分，删除的信息可以单独设计一页进行说明。

②色块+图片型。如果觉得色块太单调，我们往往会选择使用图片。为了显得更有专业感，更加贴近单位形象，可以选择学校建筑图或者单位建筑图。这些图片一般可以在学校官方网站或者单位官方网站上找到。

③蒙版+图片型。除了纯色色块，常用的增加设计感的方法是添加蒙版。纯色蒙版比较常见，将色块调节一下透明度就可以了。

微课
扫码看视频